官方认证体系

统信 UOS 认证体系涵盖初学者与技术人员两大类别，分别颁发“统信 UOS 培训认证证书”和“统信 UOS 技术认证证书”，分为云计算、研发、信息安全、项目管理、讲师五大课程方向，每个方向分为 UCA（统信认证工程师）、UCP（统信认证高级工程师）、UCE（统信认证专家）3 个等级。

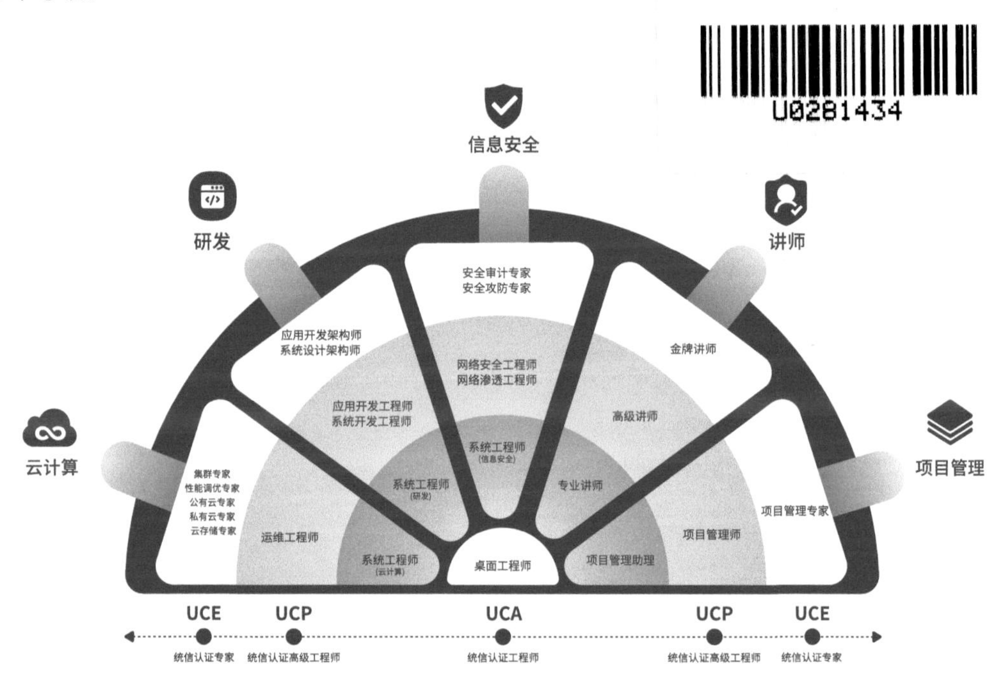

联系方式

- 按“姓名 + 高校 / 专业 + 合作需求”格式，发邮件至 peixunbu@uniontech.com，工作人员将于 5 个工作日内给予回复。
- 统信教考中心网址：https://edu.uniontech.com

统信软件公众号

统信教考中心

人邮异步教育

咨询师资培训、统信 UOS 认证考试、全国信创“大比武”桌面软件开发大赛合作详情。

统信软件教育与考试中心

统信软件教育与考试中心（简称统信教考中心）是统信软件技术有限公司（简称统信软件）的官方培训认证部门，主要负责统信软件教育品牌的打造、人才梯队的建设、人才生态的构建、信创领域培训和认证体系的建设等工作。

统信教考中心致力于推动信息技术应用创新工作的发展，提供培训课程，大力开展课程共建、联合教材、联合实验室和授权认证考点的落地工作。

院校解决方案

◎ **官方授权。**统信软件是信息技术应用创新人才标准验证与应用试点单位，参与信创从业人员标准的制定，开发的课程和教材进入信创培训课程资源库，入选特色化示范性软件学院合作企业。

◎ **信创课程体系。**依托信创生态联盟的产业资源及行业优势，以产业人才需求促进课程的改革和优化，持续更新教学内容、完善课程体系，支持新学科课程体系及课程内容建设，共同推进优质教学资源共享、提升新学科教学质量。

◎ **师资培训。**包括各种专业讲座、线上线下培训活动、专业讲师认证证书、金牌讲师称号、统信年度讲师等，教师还可参与技术培训、课程研发、教材共研等，以拓宽视野、对接行业动态。

◎ **优质资源。**为合作伙伴提供教学大纲、课程文档、教学视频、项目案例、实验手册、操作系统软件等，重点支持学校实验室建设、课程改革、教材共研、企业认证、专家讲堂等。

◎ **信创认证考试中心。**与全国高校陆续开展信创实验室、信创实训实践中心、人才培养基地、科研中心等建设工作；通过部署云端考试认证平台、实训平台、在线学习平台等方式，满足高校师生进行学习演练与考试认证的多样需求。

◎ **信创大赛。**定期举办全国信创“大比武”桌面软件开发大赛，广泛邀请全国院校师生参与大赛。

◎ **人才引进。**面向全国高校应届毕业生、在校生，持续开展校园招聘工作，联合高校进行人才培养计划的实施与落地。

统信软件技术有限公司
UnionTech Software Technology Co., Ltd.

中国自主基础软件
技术与应用丛书

统信UOS
应用开发实战教程

统信软件技术有限公司◎著

人 民 邮 电 出 版 社
北 京

图书在版编目（CIP）数据

统信UOS应用开发实战教程 / 统信软件技术有限公司著. -- 北京 : 人民邮电出版社, 2022.5（2024.7重印）
（中国自主基础软件技术与应用丛书）
ISBN 978-7-115-57883-9

Ⅰ. ①统… Ⅱ. ①统… Ⅲ. ①操作系统－教材 Ⅳ. ①TP316

中国版本图书馆CIP数据核字(2021)第230016号

内 容 提 要

统信UOS是一款界面美观、安全稳定的操作系统，可为用户提供丰富的应用生态。本书基于Qt 5.11.3来讲解统信UOS多种应用的开发，内容循序渐进，从Qt基础概述到窗口、控件、事件、图形视图、文件操作等，读者通过阅读本书可掌握使用Qt开发应用的必备知识。本书实战导向强，精心设计了近20个项目案例，并在每章开头点明项目目标任务和通过项目可掌握的知识点，便于读者快速学习与实战。

本书适合统信UOS的应用开发人员、信创领域公司以及个人开发者学习使用，也适合Qt开发人员阅读参考。

◆ 著　　　　统信软件技术有限公司
责任编辑　赵祥妮
责任印制　陈　犇

◆ 人民邮电出版社出版发行　　北京市丰台区成寿寺路 11 号
邮编　100164　　电子邮件　315@ptpress.com.cn
网址　https://www.ptpress.com.cn
北京天宇星印刷厂印刷

◆ 开本：787×1092　1/16
印张：10.5　　　　2022 年 5 月第 1 版
字数：219 千字　　2024 年 7 月北京第 3 次印刷

定价：49.90 元

读者服务热线：(010)81055410　印装质量热线：(010)81055316
反盗版热线：(010)81055315
广告经营许可证：京东市监广登字 20170147 号

推荐序

据我所知，在统信 UOS 社区和论坛里，有众多开发者希望得到基于统信 UOS 的应用开发技术资料，而且这些资料最好能触手可及。但如何实现“触手可及”，我想除了通过互联网随时查找外，一本参考书或者教程是再好不过的选择。世界的美好总是这样与人不期而遇。我刚刚想到此事没多久，同事们竟然已经把这本书摆在了我面前，惊讶欣喜之余，不由得想为这本书说几句好话。

这本书最大的特点是案例翔实、很接地气，基本每一章都配有具体、可实践的项目。书中理论讲解精彩之处，总能恰到好处地给出对应的项目案例，这样既能很好地验证理论知识，又能将读者带入实际开发环境，学练结合。这些项目案例与理论知识巧妙结合，相辅相成，组成了完整的开发教程。

单从理论讲解来看，本书深入浅出，循序渐进。从项目实践部分来看，这些来自统信 UOS 真实应用的案例，实用且具有代表性，读者跟着教程一步步做下来，自然而然地就能对基于统信 UOS 的应用开发入了门、上了道。

本书没有介绍 C、C++ 语言的语法，我认为这恰恰是本书的独特之处。C、C++ 语言的技术资料和书籍非常丰富，本书没必要锦上添花，因此将重点放在基于统信 UOS 的开发框架和开发工具上。

总体来看，这本书非常适合统信 UOS 的应用开发人员参考和阅读，尤其适合已掌握了基本的 C、C++ 语言并想使用 Qt 等基础库作为开发工具的技术人员。因此，我诚挚地向广大统信 UOS 应用开发者推荐这本书，希望本书能为各位读者的工作或学业提供有效的帮助。

张磊
统信软件技术有限公司 高级副总经理
2022 年 3 月

前　言

统信软件技术有限公司（简称统信软件）于 2019 年成立，总部位于北京经开区信创园，在全国共设立了 6 个研发中心、7 个区域服务中心、3 地生态适配认证中心，公司规模和研发力量在国内操作系统领域处于第一梯队，技术服务能力辐射全国。

统信软件以“打造操作系统创新生态，给世界更好的选择”为愿景，致力于研发安全稳定、智能易用的操作系统产品，在操作系统研发、行业定制、国际化、迁移适配、交互设计等方面拥有深厚的技术积淀，现已形成桌面、服务器、智能终端等操作系统产品线。

统信软件通过了 CMMI 3 级国际评估认证及等保 2.0 安全操作系统四级认证，拥有 ISO27001 信息安全管理体系认证、ISO9001 质量管理体系认证等资质，在产品研发实力、信息安全和质量管理上均达到行业领先标准。

统信软件积极开展国家适配认证中心的建设和运营工作，已与 4000 多个生态伙伴达成深度合作，完成 20 多万款软硬件兼容组合适配，并发起成立了“同心生态联盟”。同心生态联盟涵盖了产业链上下游厂商、科研院所等 600 余家成员单位，有效推动了操作系统生态的创新发展。（上述数据截至 2022 年 3 月，相关数据仍在持续更新中，详见统信 UOS 生态社区网站 www.chinauos.com）

目 录

第 7 章 Qt 常用控件

第 8 章 布局管理器

第 9 章 Qt 消息机制和事件

第 10 章 绘图和绘图设备

第 11 章 图形视图框架

第 12 章 文件操作

第 1 章

Qt 概述

Qt 是一个跨平台的 C++ 图形用户界面（Graphical User Interface，GUI）应用程序框架，它可为应用开发者提供建立艺术级 GUI 所需的功能。Qt 既可用于开发 GUI 程序，也可用于开发非 GUI 程序，比如控制台工具和服务器。Qt 是完全面向对象的框架，使用特殊的代码生成扩展——元对象编译器（Meta Object Compiler，MOC），以及一些宏。Qt 很容易扩展，并且允许真正的组件编程。

【目标任务】

在统信 UOS 上下载、安装与启动 Qt 5.11.3。

【知识点】

了解 Qt 的特性、安装与启动。

1.1 Qt 简介

Qt 是一个跨平台的桌面、嵌入式和移动应用程序开发框架，支持的平台包括 Linux、Windows、Android、iOS 等。

1990 年，两位挪威软件工程师 Haavard Nord 和 Eirik Chambe-Eng 开始开发 Qt。Qt 在 1995 年 5 月首次公开发布。Qt 的第一个公开版本由名为 Trolltech（奇趣科技）的公司发布。

2008 年，奇趣科技被诺基亚收购。2011 年 3 月，Digia 公司与诺基亚签署协议，收购 Qt 商业许可和服务业务。2012 年，Digia 公司从诺基亚收购 Qt 软件技术和 Qt 业务。2014 年 9 月，Digia 公司宣布成立 Qt Company 全资子公司，独立运营 Qt 商业授权业务。

Qt本身并不是一种编程语言，而是一个用C++编写的框架。Qt具有以下鲜明的特点。

- 跨平台，支持嵌入式、个人计算机和移动端等平台。
- 接口较简单，Qt 框架与其他框架类似。
- 简化了内存回收机制。
- 开发效率非常高，可高效构建应用程序。
- 学习区氛围较好，市场份额日益上升。

经过 20 多年的发展，Qt 已经成为最优秀的跨平台开发框架之一，在各行各业的项目开发中得到广泛应用。关于 Qt 的更多信息，感兴趣的读者可访问 Qt 官网上的相关文档进行了解。

1.2 Qt 的下载与安装

在统信 UOS 的桌面上右击，在弹出的快捷菜单中选择“在终端中打开”，打开统信 UOS 的命令行终端，使用命令即可完成 Qt 5.11.3 的安装，具体安装过程如下。

01 在命令行终端输入安装命令“sudo apt install cmake qt5-default qtcreator g++ build-essential”，如图 1-1 所示。

```
uos@uos-PC:~$ sudo apt install cmake qt5-default qtcreator g++ build-essential
```

图 1-1 通过 sudo 命令安装 Qt

02 输入命令并按“Enter”键后，sudo 自动开始从网络上下载所需的包，例如开发工具 Qt Creator、编译器 qmake、帮助文档、开发样例等。下载后通过输入字母 Y 来确认安装，如图 1-2 所示。

```
正在读取软件包列表... 完成
正在分析软件包的依赖关系树
正在读取状态信息... 完成
cmake 已经是最新版 (3.13.4-1)。
qt5-default 已经是最新版 (5.11.3.15.1-1+dde)。
将会同时安装下列软件:
  clang libbotan-2-9 libqbscore1.12 libqbsqtprofilesetup1.12 libqt5designercomponents5 libqt5quicktest5
  libqt5serialport5 libqt5webkit5 libqt5xmlpatterns5 libtspi1 qbs-common qdoc-qt5 qmlscene qt3d5-doc
  qt5-assistant qt5-doc qtbase5-doc qtcharts5-doc qtconnectivity5-doc qtcreator-data qtcreator-doc
  qtdeclarative5-dev-tools qtdeclarative5-doc qtgraphicaleffects5-doc qtlocation5-doc qtmultimedia5-doc
  qtquickcontrols2-5-doc qtquickcontrols5-doc qtscript5-doc qtsensors5-doc qtserialport5-doc qtsvg5-doc
  qttools5-dev-tools qttools5-doc qtvirtualkeyboard5-doc qtwayland5-doc qtwebchannel5-doc qtwebengine5-doc
  qtwebsockets5-doc qtwebview5-doc qtx11extras5-doc qtxmlpatterns5-dev-tools qtxmlpatterns5-doc
建议安装:
  clazy kate-data subversion valgrind
下列【新】软件包将被安装:
  clang libbotan-2-9 libqbscore1.12 libqbsqtprofilesetup1.12 libqt5designercomponents5 libqt5quicktest5
  libqt5serialport5 libqt5webkit5 libqt5xmlpatterns5 libtspi1 qbs-common qdoc-qt5 qmlscene qt3d5-doc
  qt5-assistant qt5-doc qtbase5-doc qtcharts5-doc qtconnectivity5-doc qtcreator qtcreator-data qtcreator-doc
  qtdeclarative5-dev-tools qtdeclarative5-doc qtgraphicaleffects5-doc qtlocation5-doc qtmultimedia5-doc
  qtquickcontrols2-5-doc qtquickcontrols5-doc qtscript5-doc qtsensors5-doc qtserialport5-doc qtsvg5-doc
  qttools5-dev-tools qttools5-doc qtvirtualkeyboard5-doc qtwayland5-doc qtwebchannel5-doc qtwebengine5-doc
  qtwebsockets5-doc qtwebview5-doc qtx11extras5-doc qtxmlpatterns5-dev-tools qtxmlpatterns5-doc
升级了 0 个软件包，新安装了 44 个软件包，要卸载 0 个软件包，有 0 个软件包未被升级。
需要下载 177 MB 的归档。
解压缩后会消耗 338 MB 的额外空间。
您希望继续执行吗? [Y/n]
```

图 1-2　安装确认

03 安装过程大约需要 3 分钟（不同版本安装时长有所不同），这个过程完成之后，界面如图 1-3 所示。

```
正在设置 qtgraphicaleffects5-doc (5.11.3-2) ...
正在设置 qtlocation5-doc (5.11.3+dfsg-2) ...
正在设置 qt5-assistant (5.11.3-4) ...
正在设置 qtcreator-data (4.8.2-1) ...
正在设置 qtserialport5-doc (5.11.3-2) ...
正在设置 qtvirtualkeyboard5-doc (5.11.3+dfsg-2) ...
正在设置 qtxmlpatterns5-dev-tools (5.11.3-2) ...
正在设置 libqbscore1.12:amd64 (1.12.2+dfsg-2) ...
正在设置 qtcreator-doc (4.8.2-1) ...
正在设置 qtquickcontrols5-doc (5.11.3-2) ...
正在设置 qtconnectivity5-doc (5.11.3-2) ...
正在设置 qt5-doc (5.11.3-1) ...
正在设置 libqbsqtprofilesetup1.12:amd64 (1.12.2+dfsg-2) ...
正在设置 qtcreator (4.8.2-1) ...
正在处理用于 bamfdaemon (0.5.4.1-1+eagle) 的触发器 ...
Rebuilding /usr/share/applications/bamf-2.index...
正在处理用于 desktop-file-utils (0.23-4) 的触发器 ...
正在处理用于 mime-support (3.62) 的触发器 ...
正在处理用于 hicolor-icon-theme (0.17-2) 的触发器 ...
正在处理用于 lastore-daemon (5.1.0.10-1) 的触发器 ...
正在处理用于 libc-bin (2.28.9-1+dde) 的触发器 ...
正在处理用于 man-db (2.8.5-2) 的触发器 ...
正在处理用于 shared-mime-info (1.10.1-1+eagle) 的触发器 ...
正在设置 qttools5-dev-tools (5.11.3-4) ...
uos@uos-PC:~$
```

图 1-3　安装完成

04 此时，通过命令“qmake -v”可查看 Qt 的版本信息，如图 1-4 所示。

```
uos@uos-PC:~$ qmake -v
QMake version 3.1
Using Qt version 5.11.3 in /usr/lib/x86_64-linux-gnu
```

图 1-4　查看版本

05 在命令行终端通过命令“qtcreator”可以启动 Qt 自带的集成开发环境（Integrated Development Environment，IDE），如图 1-5 所示。

```
uos@uos-PC:~$ qmake -v
QMake version 3.1
Using Qt version 5.11.3 in /usr/lib/x86_64-linux-gnu
uos@uos-PC:~$ qtcreator
```

图 1-5　启动 IDE 工具

06 Qt Creator 启动后的界面如图 1-6 所示。

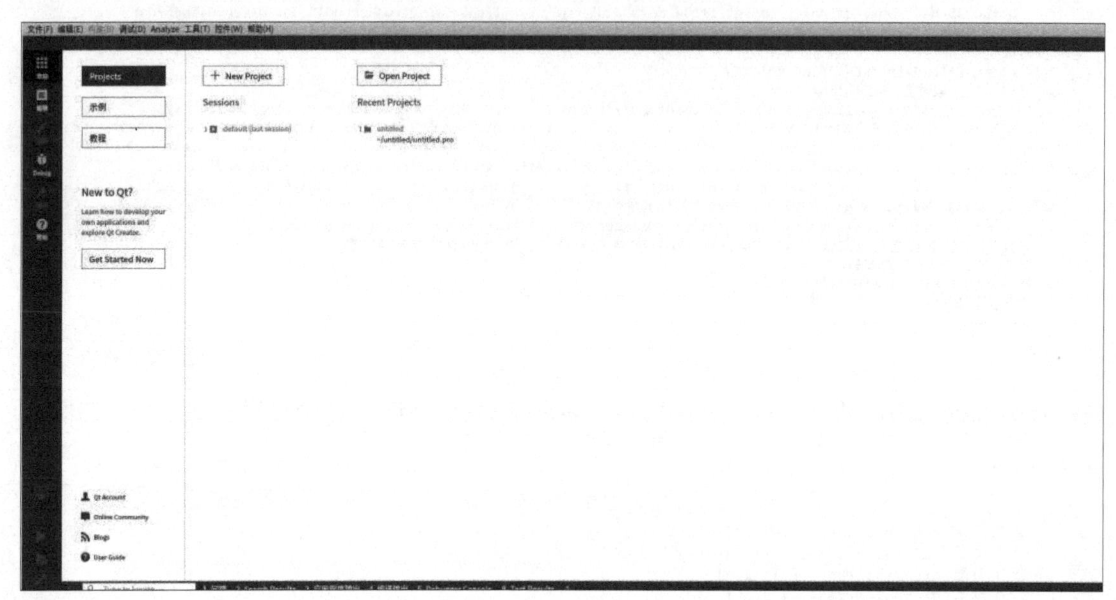

图 1-6　Qt Creator 启动后界面

至此，Qt 安装完成，开发环境已经搭建好，从第 2 章开始将介绍 Qt Creator 的使用。

第 2 章

Qt Creator 初步使用

Qt Creator 是跨平台的集成开发环境，旨在为开发者带来更好的体验。本章主要介绍 Qt Creator 的使用以及界面、模块和项目构建等内容，并通过 Qt Creator 构建 Hello UOS 项目。还介绍了在统信 UOS 环境下通过 VS Code、CMake 开发和调试 C++ 程序。

【目标任务】

掌握 Qt Creator 的使用，熟悉界面、模块，熟悉项目构建、程序调试。

【知识点】

- Qt Creator 的使用。
- 项目构建过程。
- 通过 VS Code、CMake 开发和调试 C++ 程序。

【项目实践】

Hello UOS 项目：在页面显示文本“Hello UOS！”。

2.1 Qt Creator 简介

Qt Creator 是跨平台的 IDE，可在 Windows、Linux 和 macOS 等桌面操作系统上运行，并允许开发人员在桌面、移动端和嵌入式平台上创建应用程序。Qt Creator 的设计目标是使开发人员能够更快速、轻易地完成开发任务。

Qt Creator 包括项目生成向导，高级 C++ 代码编辑器，浏览文件及类的工具，集成的 Qt Designer、Qt Assistant、Qt Linguist，图形化的 GDB 调试前端，以及集成的 qmake 编译工具等。下面对其启动后的界面进行介绍。

2.2 Qt Creator 功能概览

Qt Creator 启动后的界面如图 2-1 所示。界面主要由菜单栏、模式选择器、构建套件选择器、定位器、输出窗格等部分组成，下面简单介绍。

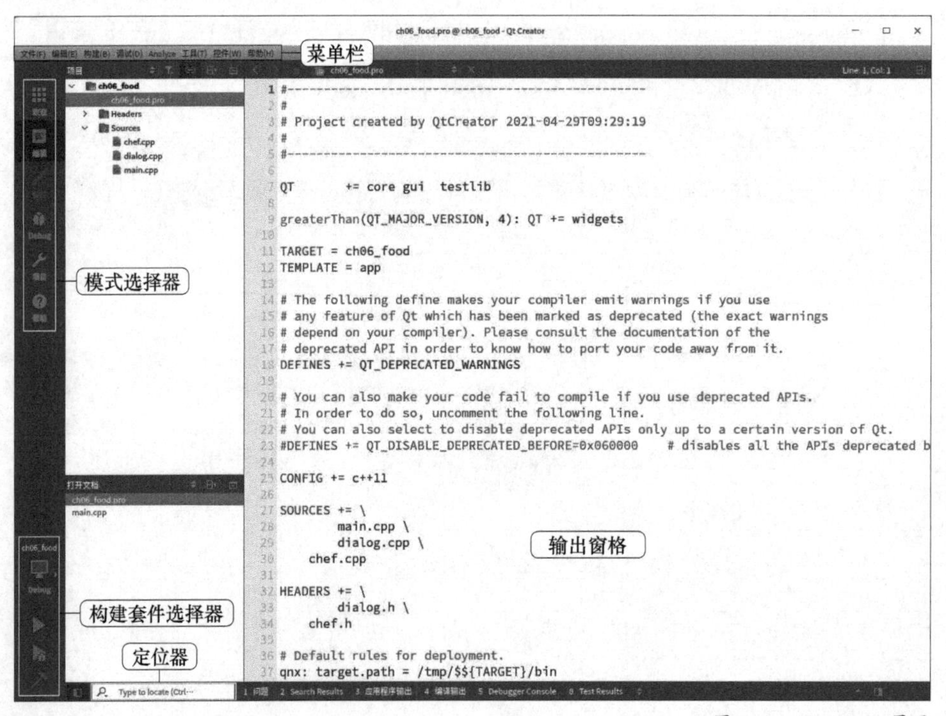

图 2-1 Qt Creator 界面

① 菜单栏（Menu Bar）。其中有 8 个菜单选项，提供了常用的文件、编辑、构建等功能菜单。

② 模式选择器（Mode Selector）。Qt Creator 有欢迎、编辑、设计、调试（Debug）、项目和帮助 6 个模式，每个模式提供不同的功能。除了可以单击切换模式，也可以使用快捷键来切换，对应的快捷键是 Ctrl + 数字 1 ~ 6。

③ 构建套件选择器（Kit Selector）。包含了目标选择器（Target Selector）、运行

（Run）、调试（Debug）和构建（Building）4 个按钮。目标选择器用来选择要构建哪个项目、使用哪个 Qt 库，这对于使用了多个 Qt 库的项目很有用。还可以选择编译项目的 debug 版本或是 release 版本。使用运行按钮可以实现项目的构建和运行；使用调试按钮可以进入调试模式，开始调试程序；使用构建按钮可以完成项目的构建。

④ 定位器（Locator）。在 Qt Creator 中可以使用定位器来快速定位项目、文件、类、方法、帮助文档以及文件系统。可以使用过滤器来更加准确地定位要查找的结果，可以在“工具”→“选项”菜单项中设置定位器的相关选项。

⑤ 输出窗格（Output Panes）。包含了问题、搜索结果（Search Results）、应用程序输出、编译输出、调试控制台（Debugger Console）、概要信息、版本控制、测试结果（Test Results）共 8 个选项，它们分别对应一个输出窗口，相应的快捷键依次是 Alt + 数字 1 ~ 8。其中，问题窗口显示程序编译时的错误和警告信息，搜索结果窗口显示执行搜索操作后的结果信息，应用程序输出窗口显示在应用程序运行过程中输出的所有信息，编译输出窗口显示程序编译过程输出的相关信息，版本控制窗口显示版本控制的相关输出信息。

2.3 Qt Creator 的模式简介

下面对 Qt Creator 的 6 个模式分别进行介绍。

欢迎模式：可以查看 Qt 自带的示例和教程，如图 2-2 所示。

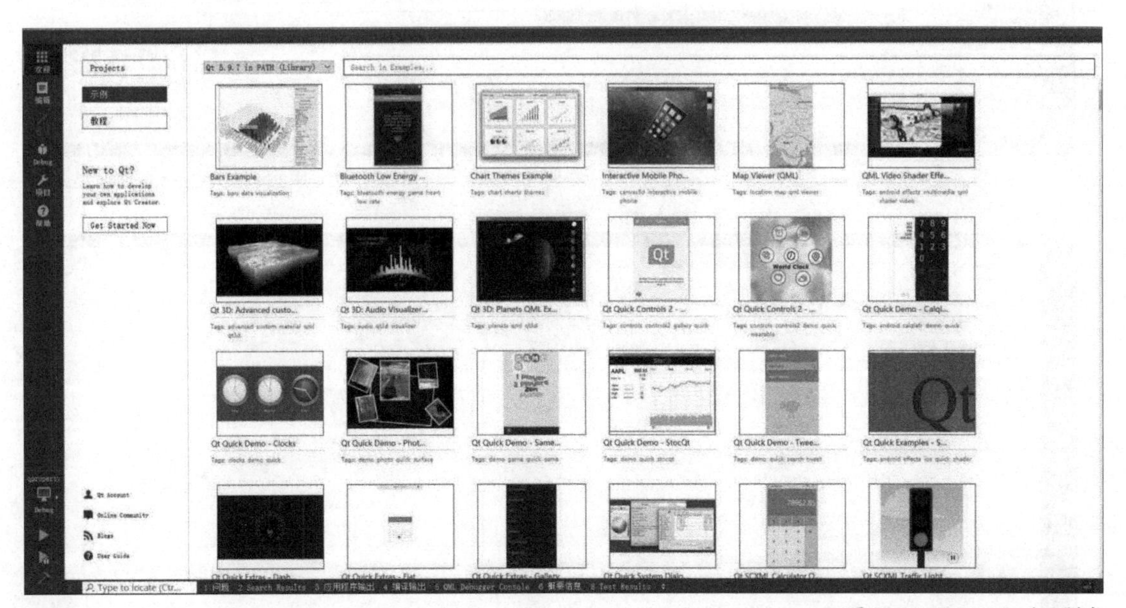

图 2-2　Qt Creator 欢迎模式

编辑模式：可以对源文件和头文件进行编辑，如图 2-3 所示。

设计模式：可以设计用户界面（User Interface，UI）文件，如图 2-4 所示。

调试模式：可以对程序进行调试，设置断点，查看变量的值，如图 2-5 所示。

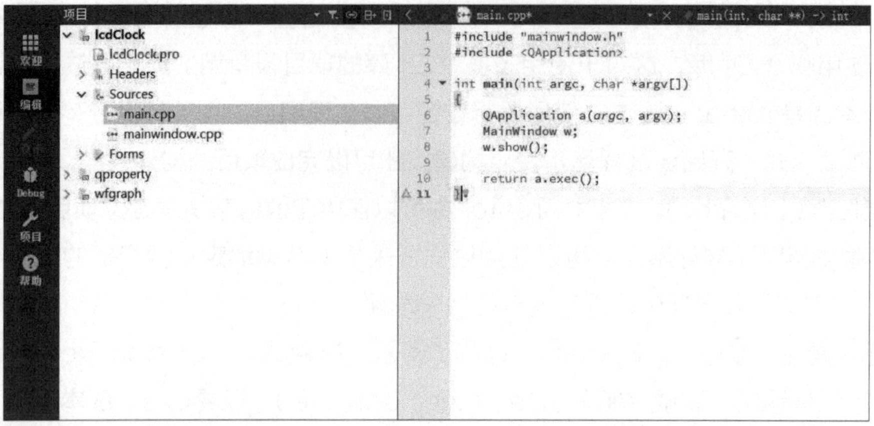

```
#include "mainwindow.h"
#include <QApplication>

int main(int argc, char *argv[])
{
    QApplication a(argc, argv);
    MainWindow w;
    w.show();

    return a.exec();
}
```

图 2-3　Qt Creator 编辑模式

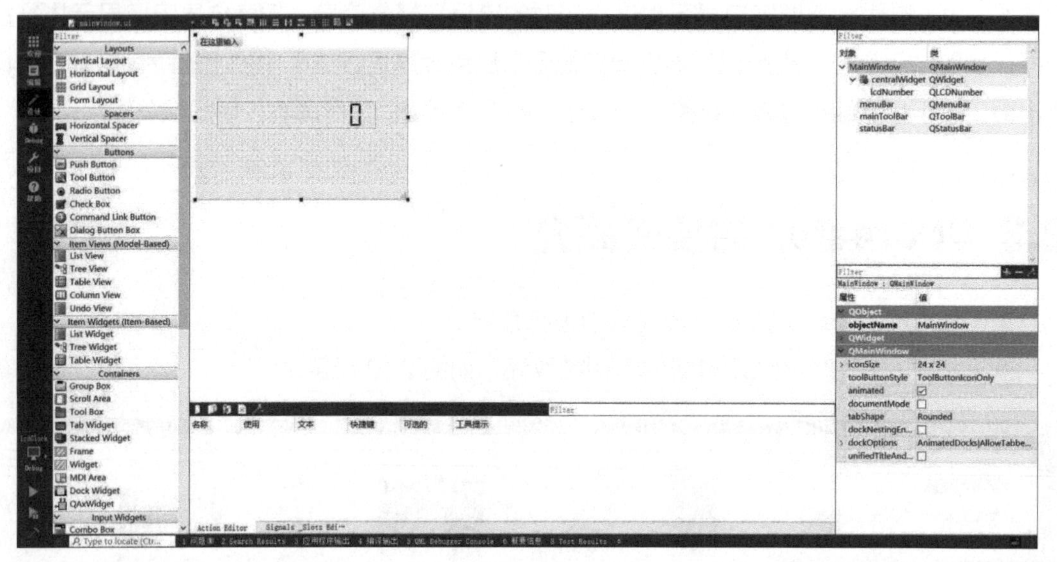

图 2-4　Qt Creator 设计模式

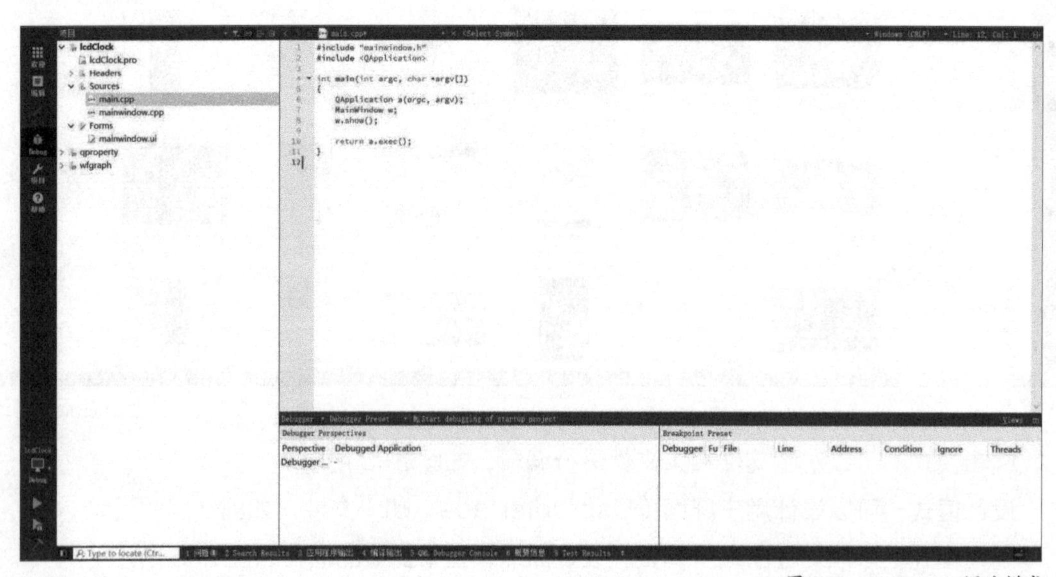

图 2-5　Qt Creator 调试模式

项目模式：可以设置项目的编译环境，如图 2-6 所示。

图 2-6 Qt Creator 项目模式

帮助模式：可以查看 Qt 相关的帮助文档，如图 2-7 所示。

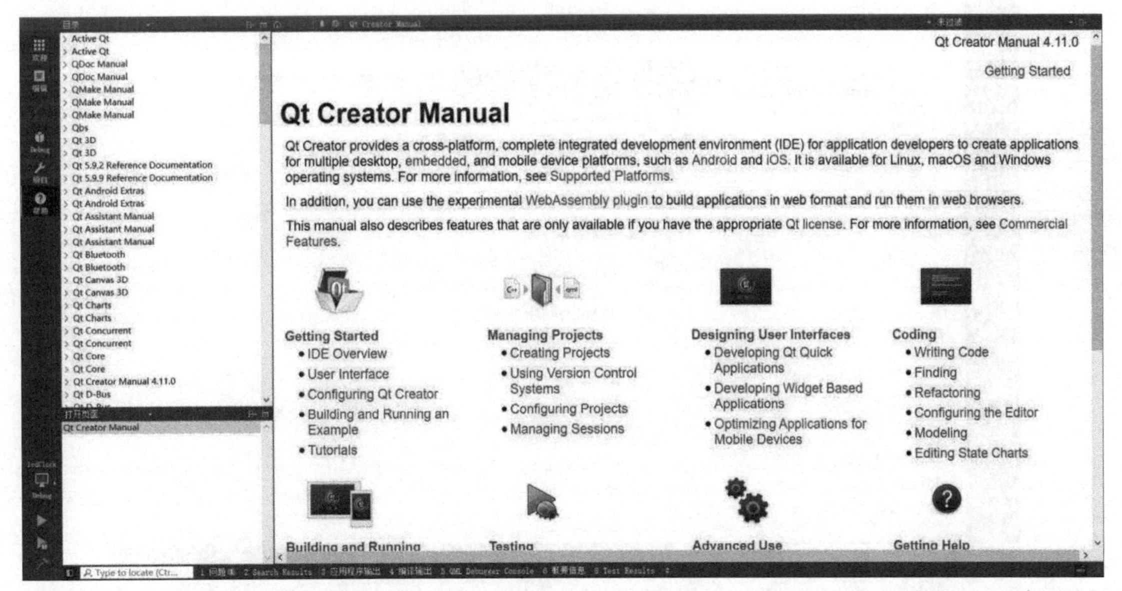

图 2-7 Qt Creator 帮助模式

2.4 项目案例：Hello UOS

初步了解 Qt Creator 界面及模式后，接下来开始在 Qt 上开发应用。首先开发一个非常简单的 Hello UOS 项目，即在页面显示文本“Hello UOS！”，具体步骤介绍如下。

01 打开 Qt Creator 界面，进入欢迎模式，单击“Projects”→“New Project”按钮，

如图 2-8 所示，或者在菜单栏单击“文件”，选择“新建文件或项目”菜单项。

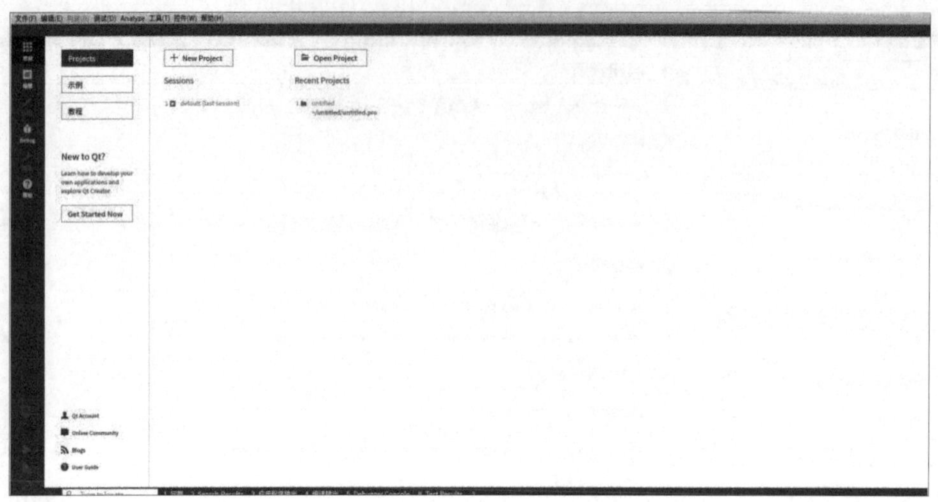

图 2-8 Qt Creator 新建项目

02 在弹出的新建项目界面选择要创建的项目类型，如图 2-9 所示。

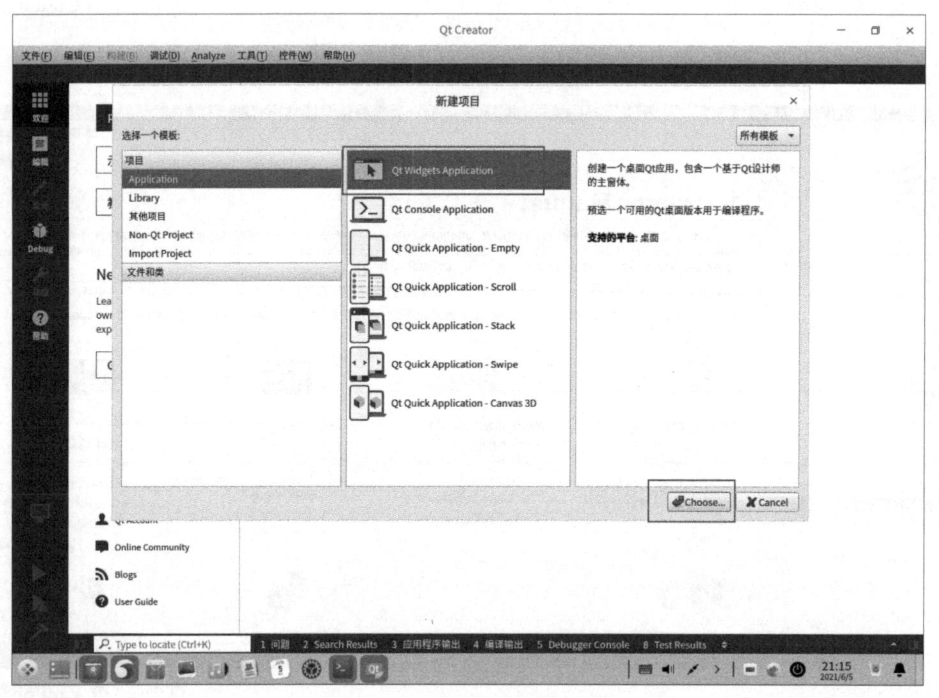

图 2-9 选择项目类型

图 2-9 中的项目类型介绍如下。

- Qt Widgets Application：支持桌面平台的有 GUI 的应用程序。GUI 的设计完全基于 C++ 语言，采用 Qt 提供的 C++ 类库。
- Qt Console Application：控制台应用程序，无 GUI。
- Qt Quick Application：GUI 开发框架，其界面设计采用 QML（Qt Modelling Language，一种描述性的脚本语言）。QML 类似于 WPF（Windows Presentation Foundation，

一种基于 Windows 的 UI 框架）的可扩展应用程序标记语言（eXtensible Application Markup Language，XAML），一般用于移动设备和嵌入式设备上无边框的应用程序设计。

03 在图 2-9 所示界面中选择“Qt Widgets Application”，然后单击“Choose”按钮。设置项目的名称和创建路径，如图 2-10 所示，然后单击“下一步”按钮。

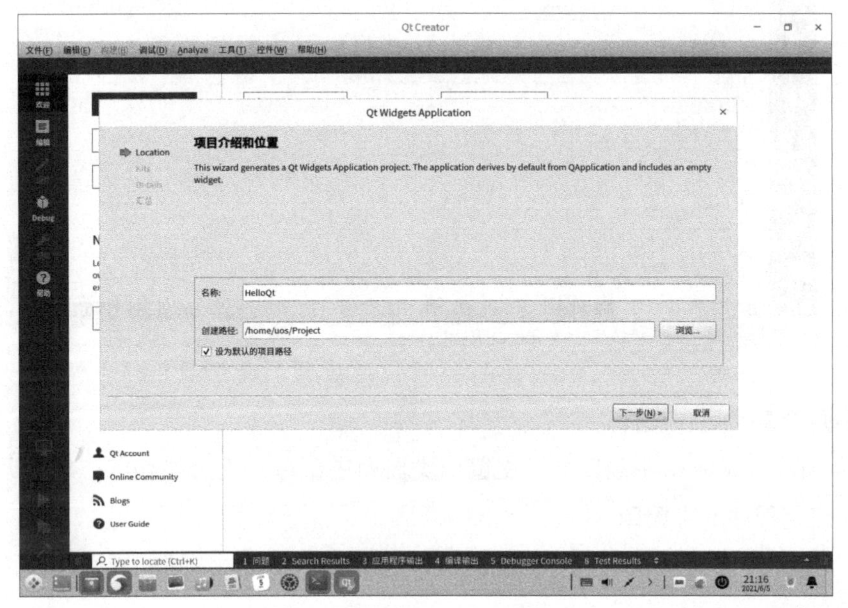

图 2-10　设置项目的名称和创建路径

04 在图 2-11 所示界面中，选择编译工具。如果多个编译工具都可以选中，在编译项目时需要再选择一个当前的编译工具。然后单击“下一步”按钮。

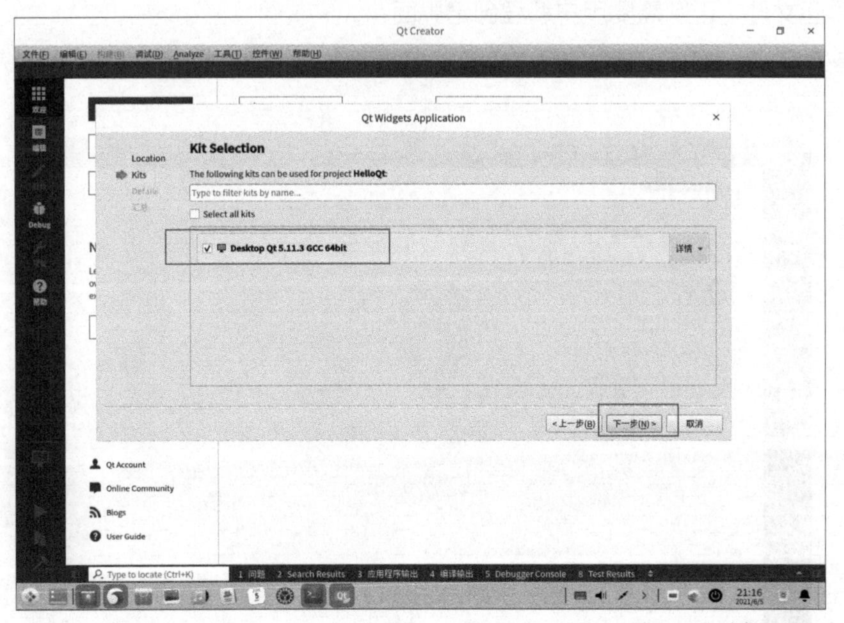

图 2-11　选择编译工具

05 在图 2-12 所示界面中，选择需要创建界面的基类（Base Class）。

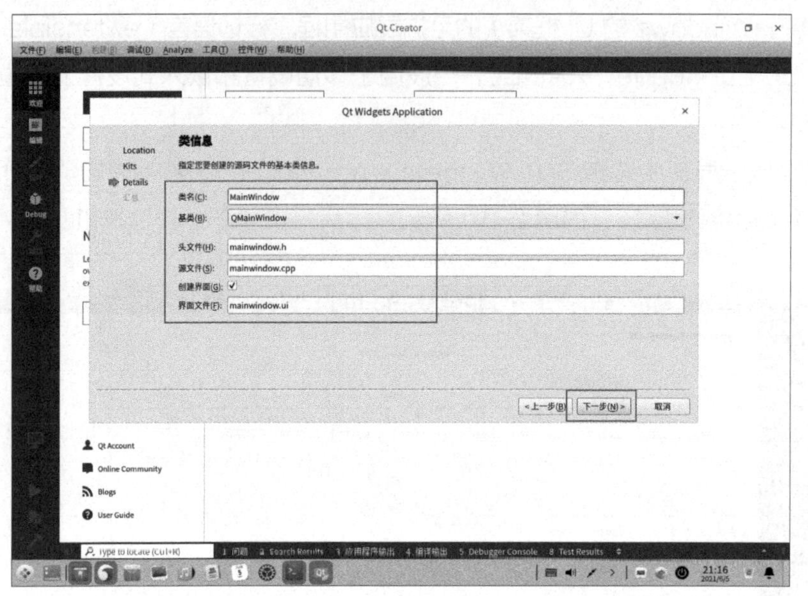

图 2-12　选择创建界面的基类

有以下几个基类可供选择。

- QMainWindow：主窗口类，主窗口类具有主菜单、工具栏和状态栏，以及类似于一般应用程序的主窗口。
- QWidget：所有具有可视界面的基类，选择 QWidget 创建的界面对各种界面组件都可以支持。
- QDialog：对话类，可以建立一个基于对话框的界面。

如果选择 QMainWindow 作为基类，勾选“创建界面”复选框，则会由 Qt Creator 创建用户界面文件，否则需要用户编程创建界面。

06 选择基类后，单击“下一步”按钮，在图 2-13 所示的项目管理界面中直接单击“完成”按钮。

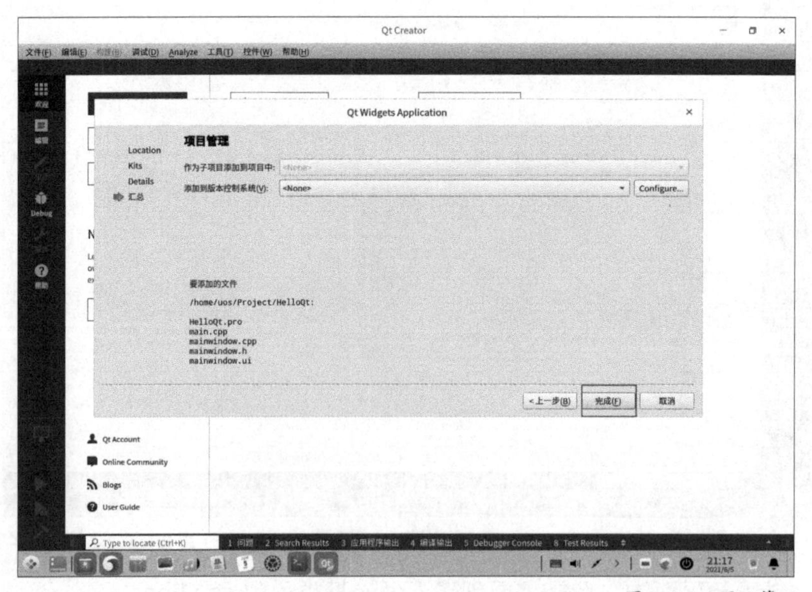

图 2-13　项目管理

07 进入编辑模式，在导航窗格中单击“mainwindow.h”头文件，编辑头文件，如图 2-14 所示。

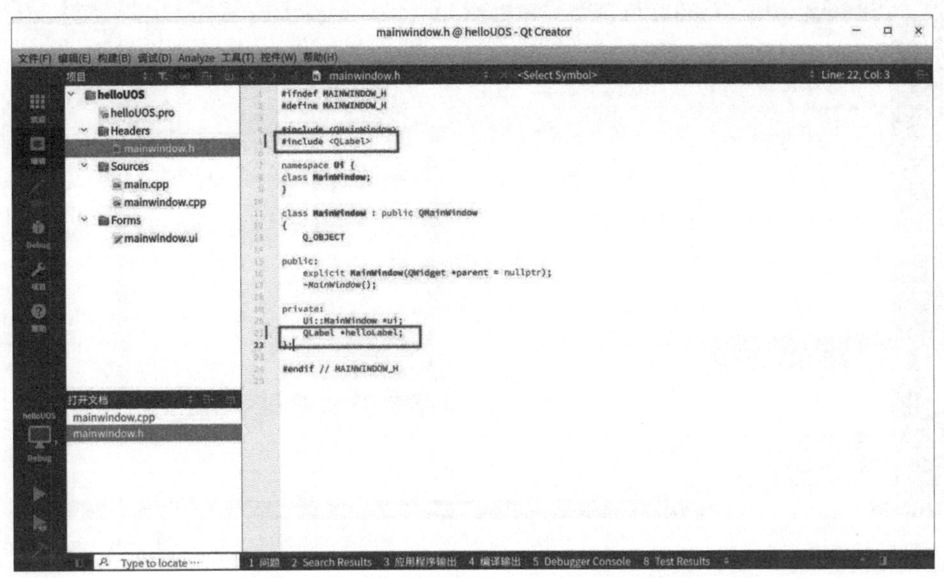

图 2-14 编辑头文件

08 单击并编辑“mainwindow.cpp”源文件，添加输出“Hello UOS!”的两行代码，如图 2-15 所示。其中添加的两行代码如下。

```
helloLabel =new QLabel(this);// 向界面中添加一个显示文本的标签
helloLabel->setText("Hello UOS! ");// 在标签上显示“Hello UOS!”
```

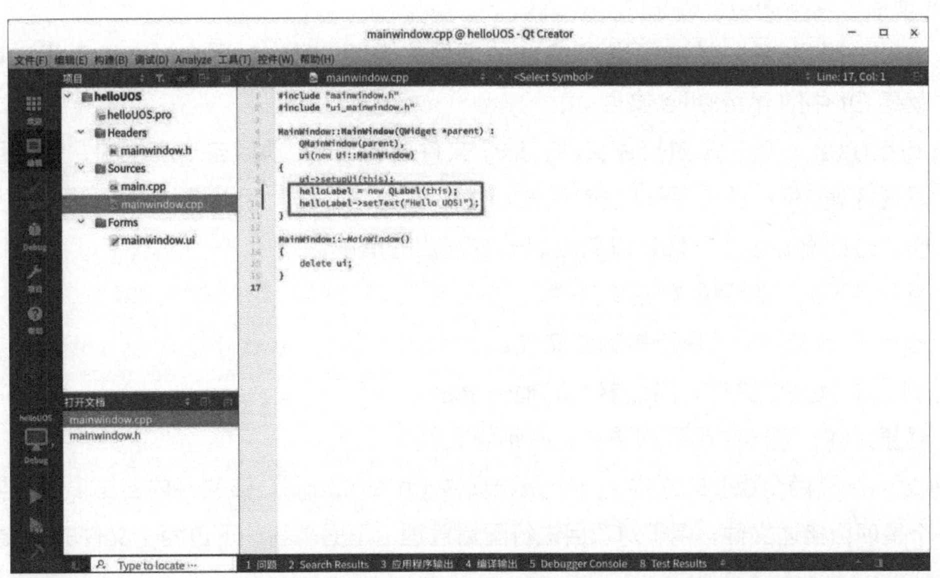

图 2-15 编辑源文件

09 编辑完成后，单击左下方的运行按钮并查看效果，可以看到界面上出现了一个标签，并显示文本“Hello UOS!”，如图 2-16 所示。

在这个项目案例中，首先创建 QLabel 标签对象，并设置其父对象。这个例子是在非主窗口中实现的，所以可以直接设置父窗口为“this”，然后设置文本内容。

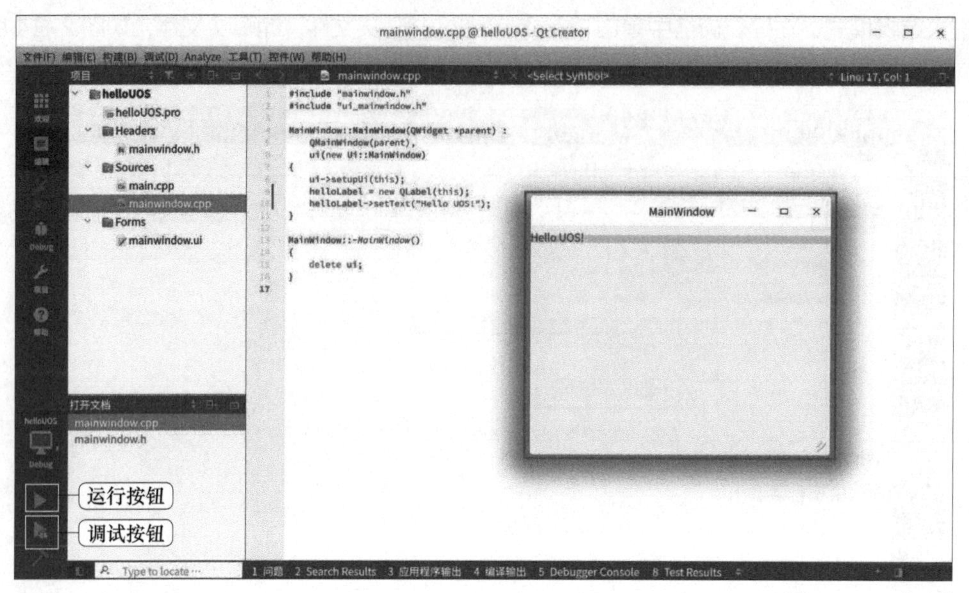

图 2-16 运行效果

2.5 Qt 项目文件

Qt Creator 以工程项目的方式对源代码进行管理，那么 Qt 项目文件里面具体有什么内容呢?

Qt 项目包含不同类型的文件，介绍如下。

- .pro：项目描述文件，里面包含一些项目的描述信息，后面会进一步介绍。其本质就是 Qt 中的 makefile 文件。
- .pro.user：用户配置描述文件，这个文件是每个 Qt 项目自动产生的，每个用户的配置环境都不一样，所产生的配置描述文件也不一样，因此在进行跨平台开发的时候，必须删除这个文件，以免出现一些未知的错误。
- .h：头文件，项目所需的头文件。
- .cpp：源文件，项目所需的源文件。
- .ui：界面描述文件，描述界面的相关信息。
- 资源文件：程序中用到的图片、音频等文件。

Qt 项目中有两个重要的文件：一个是源文件（main.cpp），该文件内容是项目主要的代码；一个是项目描述文件，用于对项目进行配置管理。下面来看一下这两个文件的主要内容。

1. main.cpp 文件

main.cpp 文件中包含了最重要的 main() 入口函数，函数形式如下。

```
1 #include "widget.h"
2 #include <QApplication>
3
```

```
4  int main(int argc, char *argv[])
5  {
6      QApplication a(argc, argv);
7      Widget w;
8       w.show();
9
10  return a.exec();
11
12  }
```

上述代码具体解释如下。

Qt 系统提供的标准类名声明头文件没有扩展名 .h，Qt 中一个类对应一个头文件，类名就是头文件名。QApplication 表示应用程序类，管理 GUI 应用程序的控制流和主要设置。它是 Qt 整个后台管理的“命脉”，包含主事件循环，完成来自窗口系统和其他资源的所有事件的处理和调度，也处理应用程序的初始化和结束，并且提供对话管理。

任何一个使用 Qt 的 GUI 应用程序都存在一个 QApplication 对象，且不论这个应用程序在同一时间内是不是有窗口或有多个窗口。

第 6 行代码创建了一个 Qt 的 QApplication 对象 a，第 7 行代码创建了一个窗体对象 w，第 8 行代码显示该窗体。

在第 10 行代码中，a.exec() 表示进入消息循环，等待对用户输入进行响应。这里 main() 把控制权转交给 Qt，Qt 完成事件处理工作，当应用程序退出的时候，exec() 的值就会返回。在 exec() 中，Qt 接受并处理用户和系统的事件并把它们传递给适当的窗口部件。

2. 项目描述文件

.pro 文件就是项目（Project）文件，是 qmake 自动生成的用于生成 makefile 的配置文件。使用 Qt 向导生成的应用程序 .pro 文件格式如下。

```
#项目描述文件
QT += core gui                           //包含的库
greaterThan(QT_MAJOR_VERSION,4): QT += widgets //高于 Qt 4 版本才包含 widget 模块
TARGET = QtFirst                         //应用程序名，生成的程序名称
TEMPLATE = app                           //模板类型，应用程序模板
SOURCES += main.cpp\                     //源文件
        mywidget.cpp
HEADERS  += mywidget.h                   //头文件
CONFIG += c++11
```

.pro 文件的详细解释如下。

（1）“#”开头的行为注释内容。

（2）QT +=core gui 表示使用 core 和 gui 库，其实这也是 Qt 的默认设置。

（3）greaterThan(QT_MAJOR_VERSION,4):QT += widgets 这条语句表示：如果 QT_MAJOR_VERSION 高于 4（也就是当前使用的是 Qt 5 或更高版本）需要增加 widget 模块。如果项目仅需支持 Qt 5，也可以直接添加“QT += widgets”一句。不过

为了保持代码兼容，最好还是按照 Qt Creator 生成的语句编写。

（4）TARGET = QtFirst 表示指定生成的应用程序名，并建立一个该应用程序的 makefile。如果模板没有被指定，将使用默认值。QtFirst 模板变量告诉 qmake 为这个应用程序生成哪种 makefile。下面是可供使用的模板。

- Lib：建立一个库的 makefile。
- vcapp：建立一个应用程序的 VisualStudio 项目文件。
- vclib：建立一个库的 VisualStudio 项目文件。
- subdirs：这是一个特殊的模板，可以创建一个能够进入特定目录，为一个项目文件生成 makefile，并且为它调用 make 的 makefile。

（5）项目中包含的源文件：

```
SOURCES += main.cpp
        mywidget.cpp
```

（6）项目中包含的头文件：

```
HEADERS += mywidget.h
```

（7）配置信息，CONFIG 用来告诉 qmake 关于应用程序的配置信息。

```
CONFIG += c++11 // 使用 c++11 的特性
```

在这里使用“+=”，是因为要将配置选项添加到每一个已经存在的文件中。这样比使用“=”替换已经指定的所有选项更安全。

2.6 手动添加项目文件

在2.4节中，通过向导创建了Qt项目，本节介绍手动构建Qt项目的方式。单击“New Project”，打开图 2-17 所示界面，单击“其他项目”→“Empty qmake Project”。

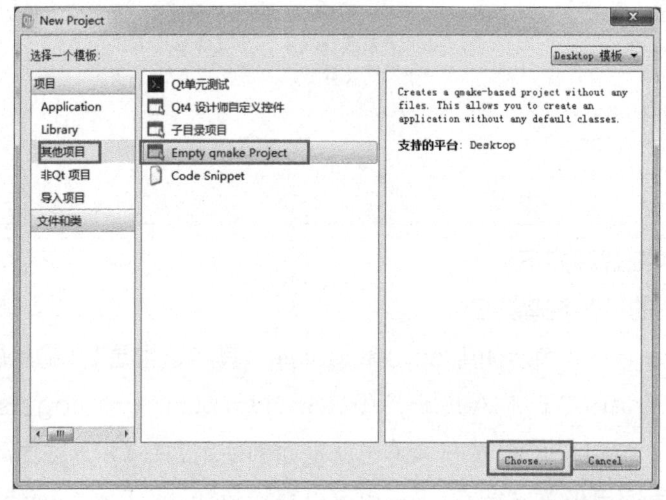

图 2-17　添加空项目

单击“Choose”按钮，进行下一步。然后设置项目名称和路径，选择编译套件，修改类信息，最后单击“完成”按钮，生成一个新的空项目。

如图 2-18 所示，在空项目中添加新文件。在项目名称上右击，弹出快捷菜单，选择“添加新文件”。

在弹出的“新建文件”对话框中选择 C++ 类文件，如图 2-19 所示。

在此对话框中选择要添加的类或者文件，根据向导完成文件的添加。

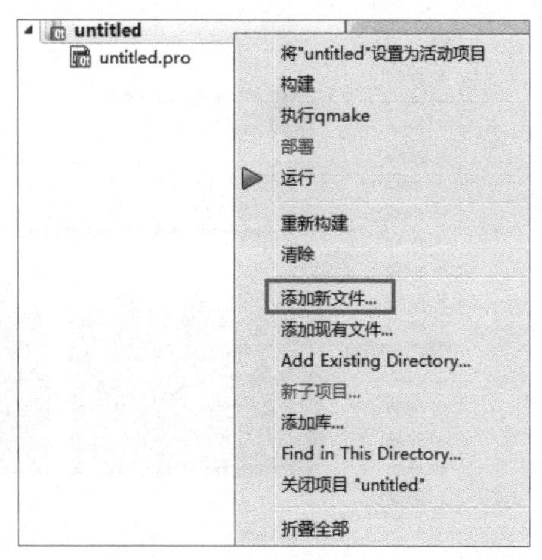

图 2-18 添加新文件

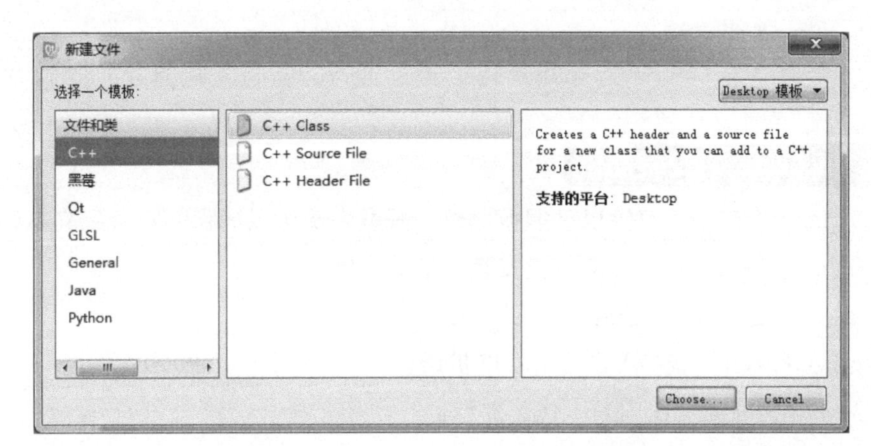

图 2-19 选择 C++ 类文件

2.7 VS Code 和 CMake 代码环境配置

Visual Studio Code（简称 VS Code）是一个运行于 OS X、Windows 和 Linux 之上，用于编写现代 Web 和云应用的跨平台编辑器。VS Code 为开发者们提供了对多种编程语言的内置支持，同时也会为这些语言提供丰富的代码补全和导航功能。该编辑器也集成了一款现代编辑器应具备的所有特性，包括语法高亮（Syntax Hight Lighting）、可定制的快捷键绑定（Customizable Keyboard Binding）、括号匹配（Bracket Matching）以及代码片段收集（Snippets），还拥有对 Git 的开箱即用的支持。Qt 也支持使用 VS Code 和 CMake 来开发统信 UOS 下的应用程序。详细安装和配置如下。

2.7.1 安装 VS Code

打开应用商店，在“编程开发”中找到“Visual Stuido Code”（即 VS Code）并进行安装，如图 2-20 所示。

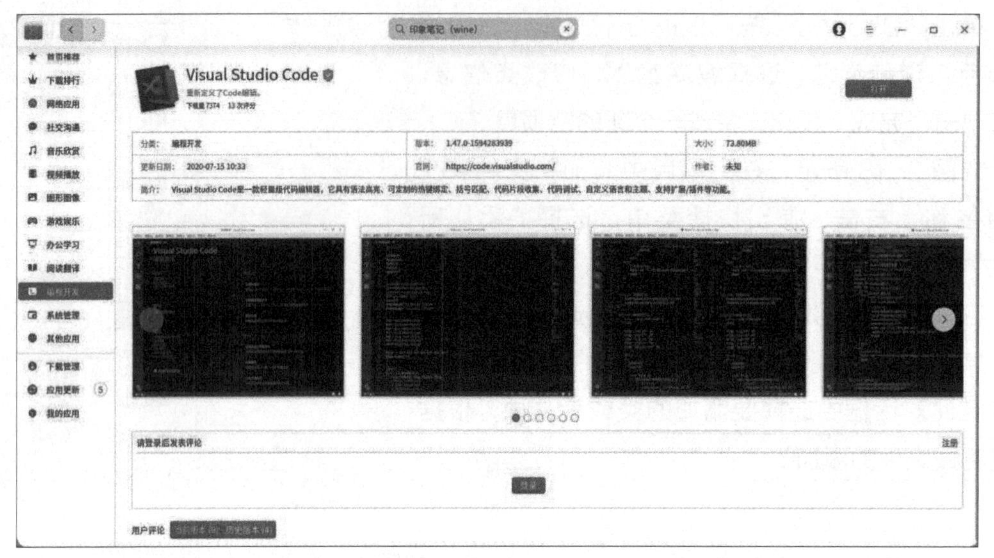

图 2-20　安装 VS Code

2.7.2 在 VS Code 中安装插件

VS Code 有个市场，其提供了很多插件，开发人员可以把它们安装到文本编辑器中，增强编辑器功能。在 VS Code 中需要安装以下的插件。

- CMake：支持 VS Code 的扩展语言。
- CMake Tools：支持 VS Code 的扩展。
- C/C++ Intellisense：C++ 代码提示。

打开 VS Code，在设置图标处右击，在弹出的快捷菜单中选择“Extensions”，如图 2-21 所示，打开插件安装窗口。

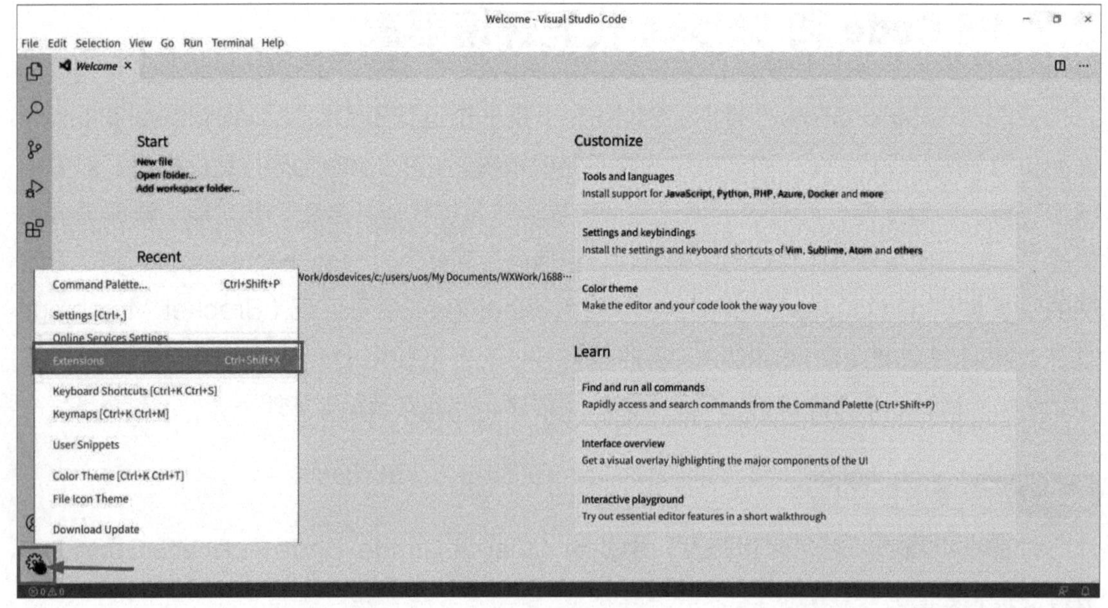

图 2-21　VS Code 插件安装窗口

先在市场中搜索并安装 Chinese 插件，如图 2-22 所示，该插件安装后界面文字显示为中文。

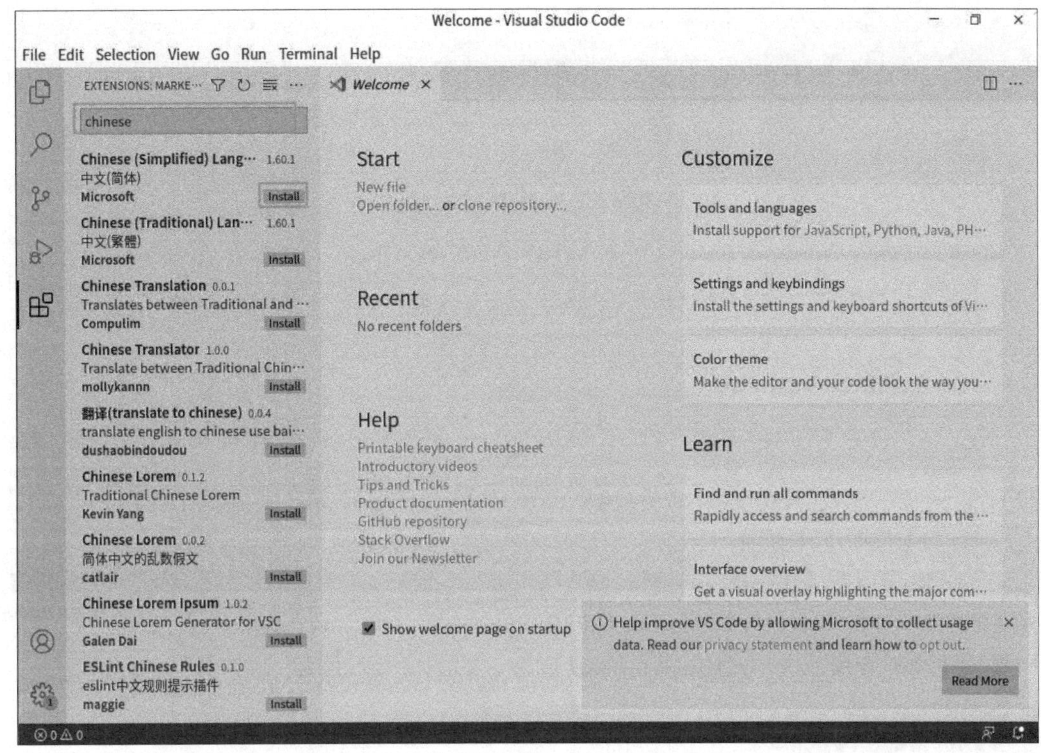

图 2-22　安装 Chinese 插件

再安装 CMake 插件，如图 2-23 所示。

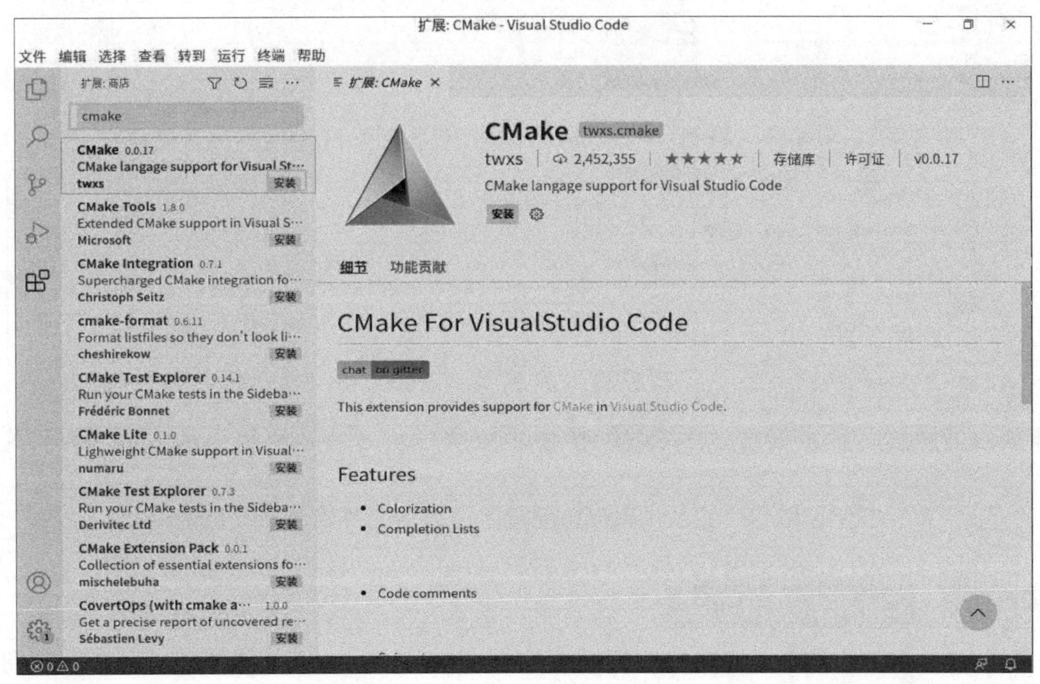

图 2-23　安装 CMake 插件

然后，采用同样的方法安装 CMake Tools 插件，如图 2-24 所示。

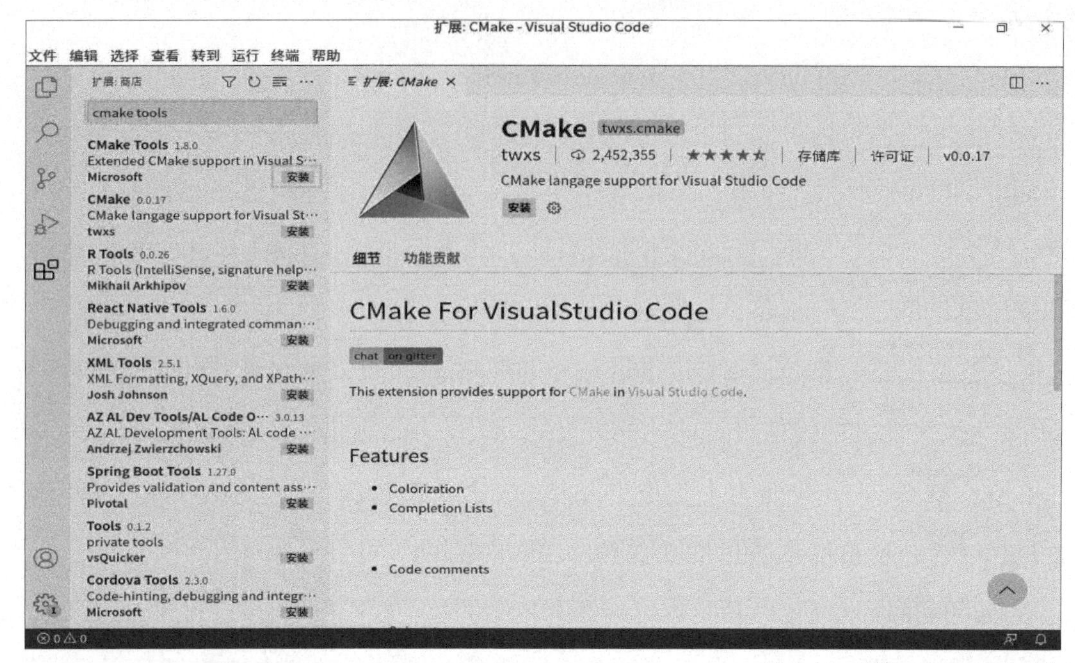

图 2-24　安装 CMake Tools 插件

最后搜索并安装 C/C++ Intellisense 插件，如图 2-25 所示。

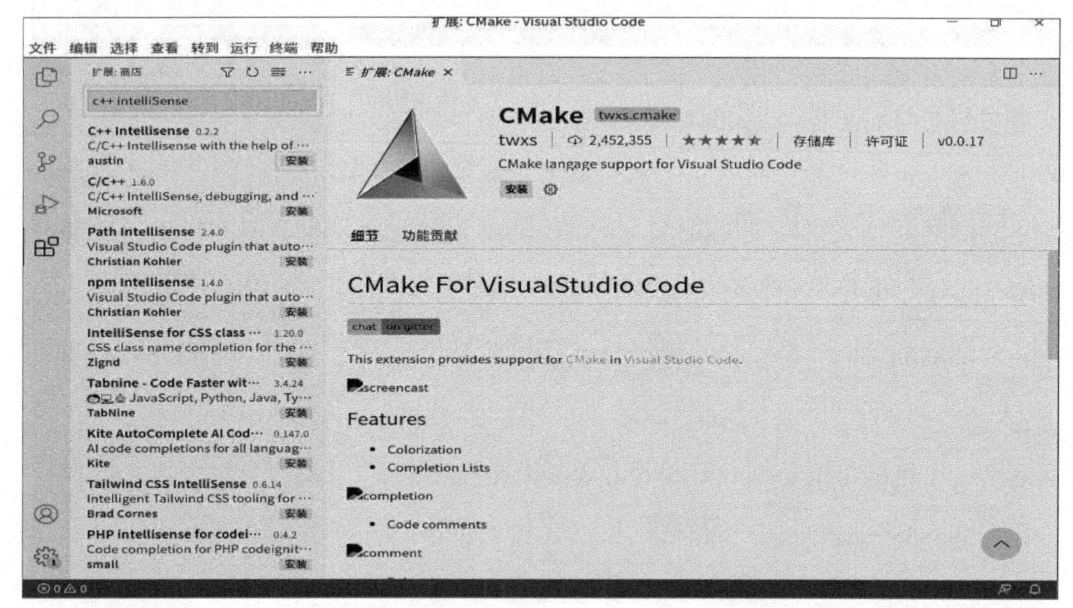

图 2-25　安装 C/C++ Intellisense 插件

至此，VS Code 和 CMake 代码环境配置完成，下面开始演示项目说明。

2.7.3 创建 CMake 演示项目

CMake 是一个能帮助用户在几乎所有平台上构建 C/C++ 项目的工具。很多流行的开源项目都使用了 CMake，例如 LLVM、Qt、KDE 和 Blender，所有的 CMake 项目都包含一个叫作 CMakeLists.txt 的脚本。创建 CMake 项目的具体过程如下。

01 通过文件菜单，打开一个空白的项目文件夹，如图 2-26 所示。

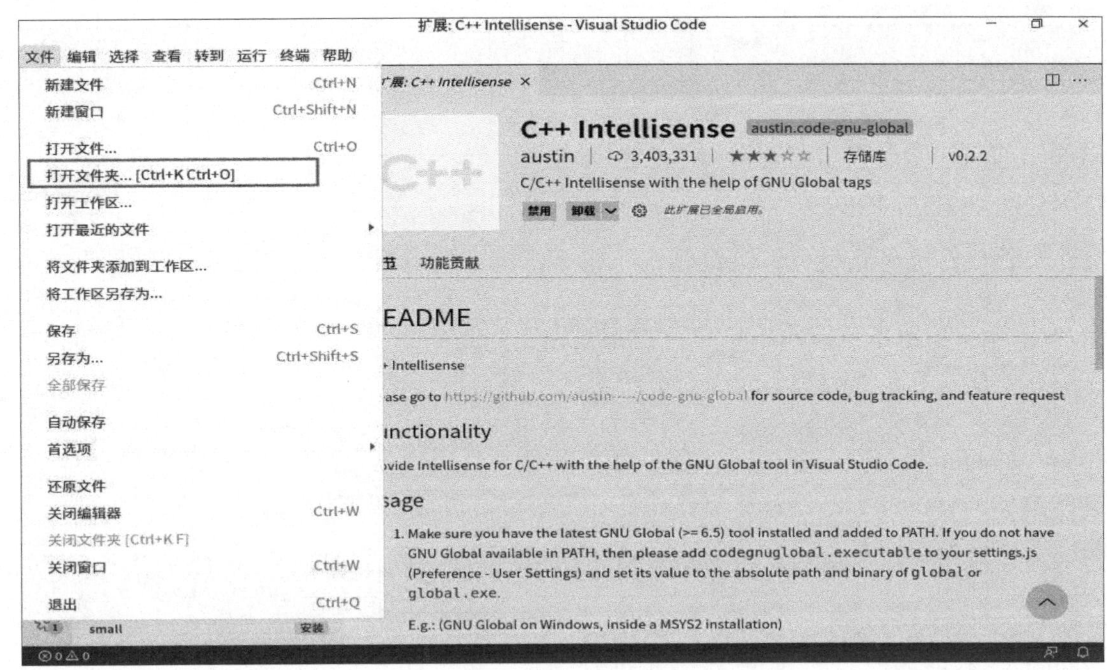

图 2-26　打开项目文件夹

02 选择“demo”文件夹，单击“打开”按钮，如图 2-27 所示。

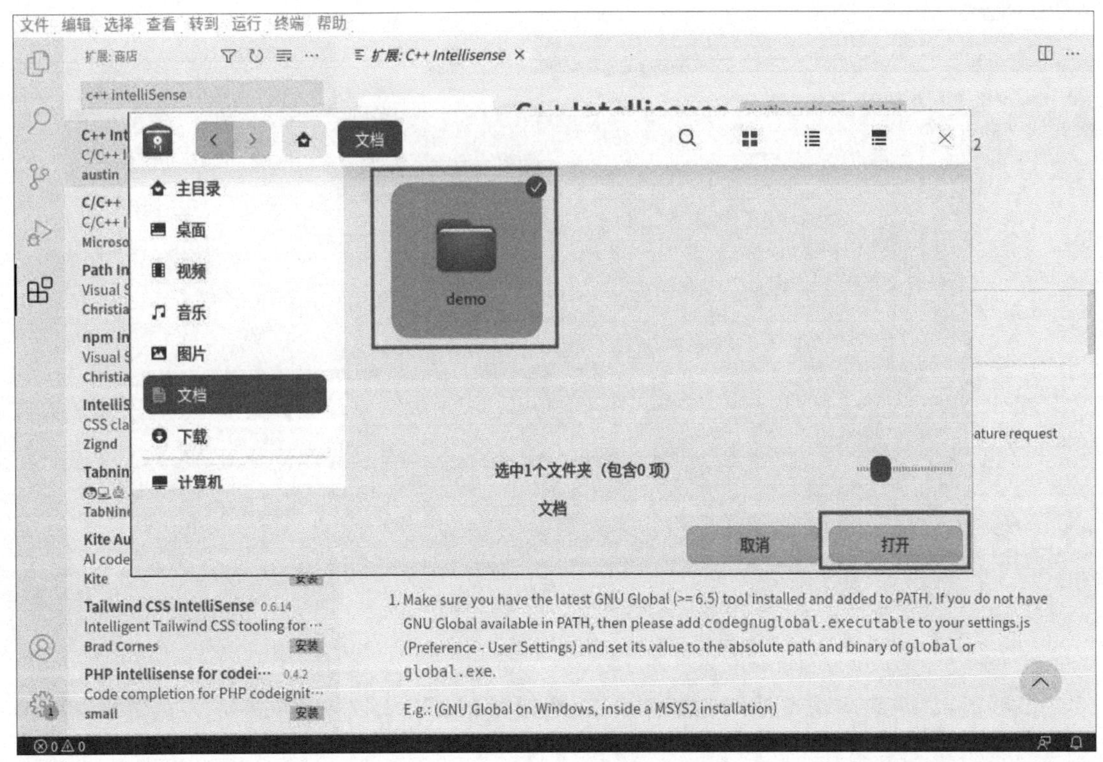

图 2-27　选择“demo”文件夹

03 打开后的界面如图 2-28 所示。

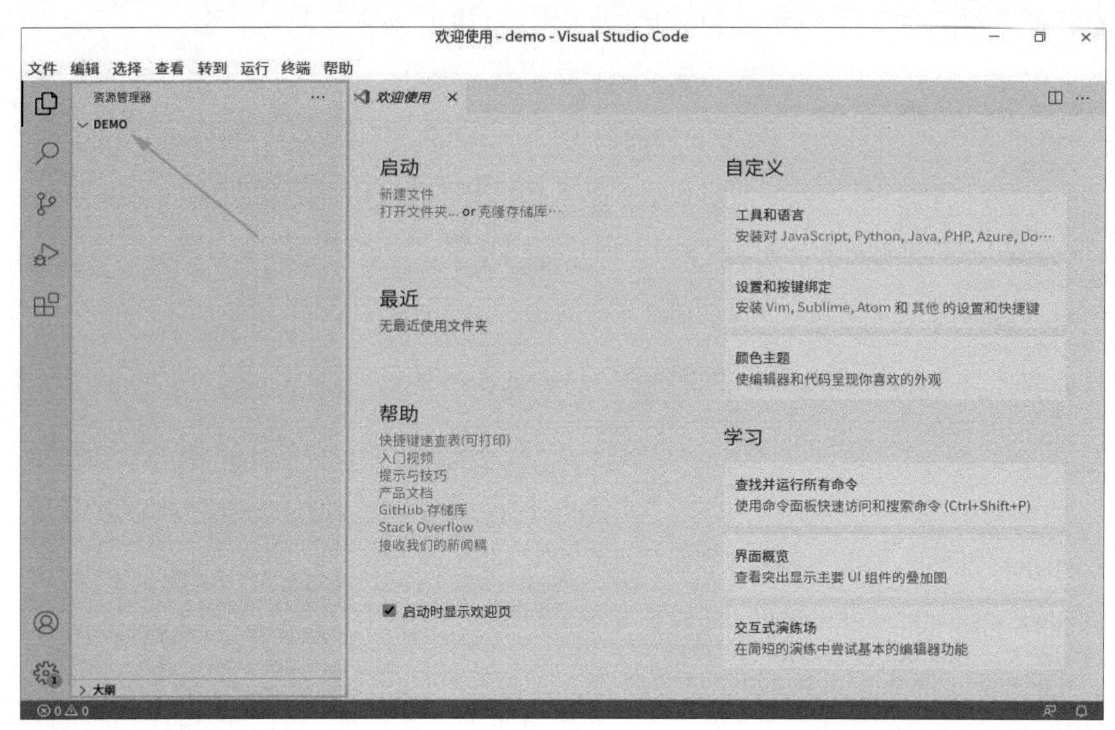

图 2-28 打开 demo 文件夹后的界面

04 通过快捷键“Ctrl+Shift+P”，打开命令面板并输入“cmake:Quick Start”，如图 2-29 所示。

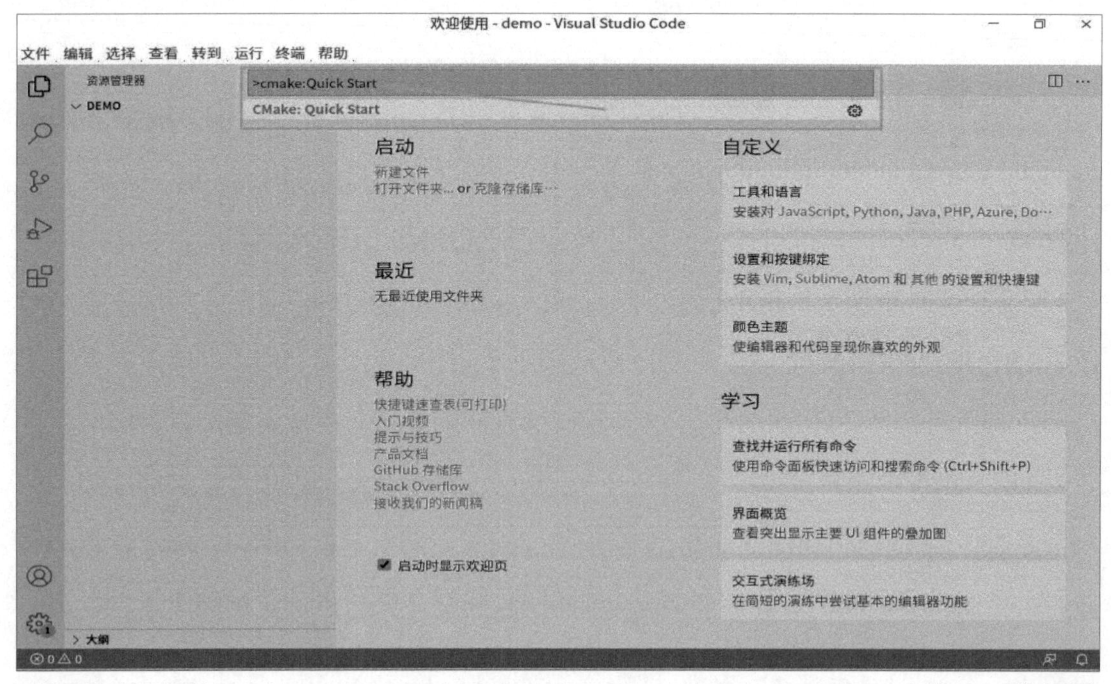

图 2-29 快速启动

05 首先选择 Kit，也就是选择所用的编译工具。如果没有显示自动检测到的编译工具链，通过扫描（Scan）可看到，如图 2-30 所示。

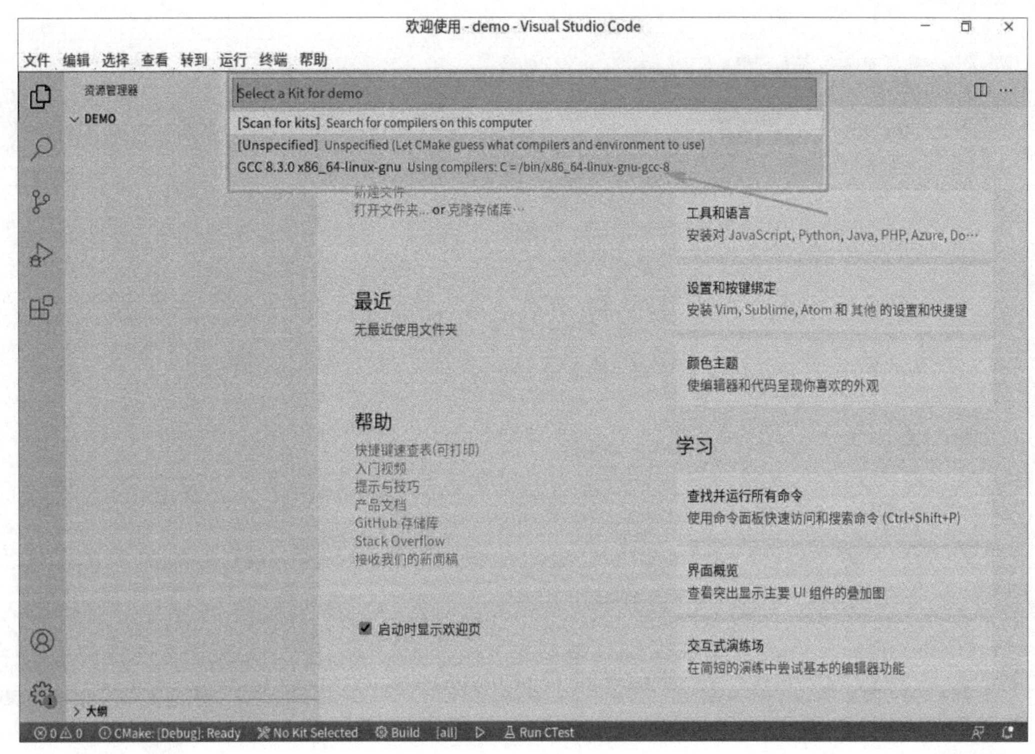

图 2-30　选择编译工具

06 然后在其中输入项目名称“demo”，如图 2-31 所示。

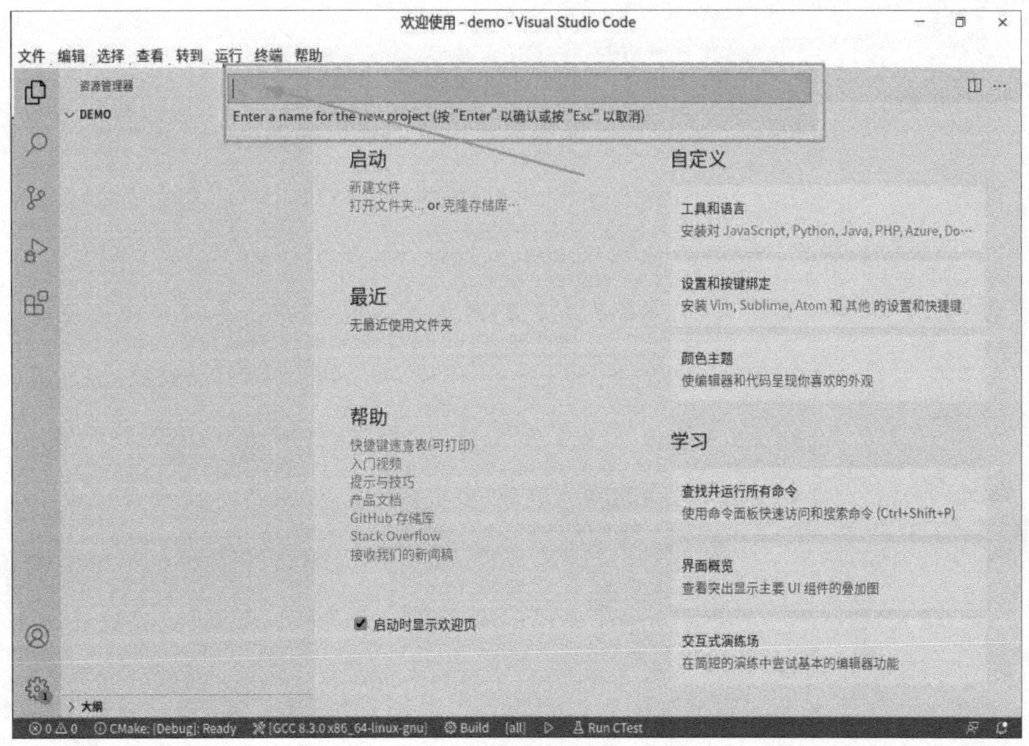

图 2-31　输入项目名称

07 选择生成库（Library）或生成执行文件（Executable），如图 2-32 所示。

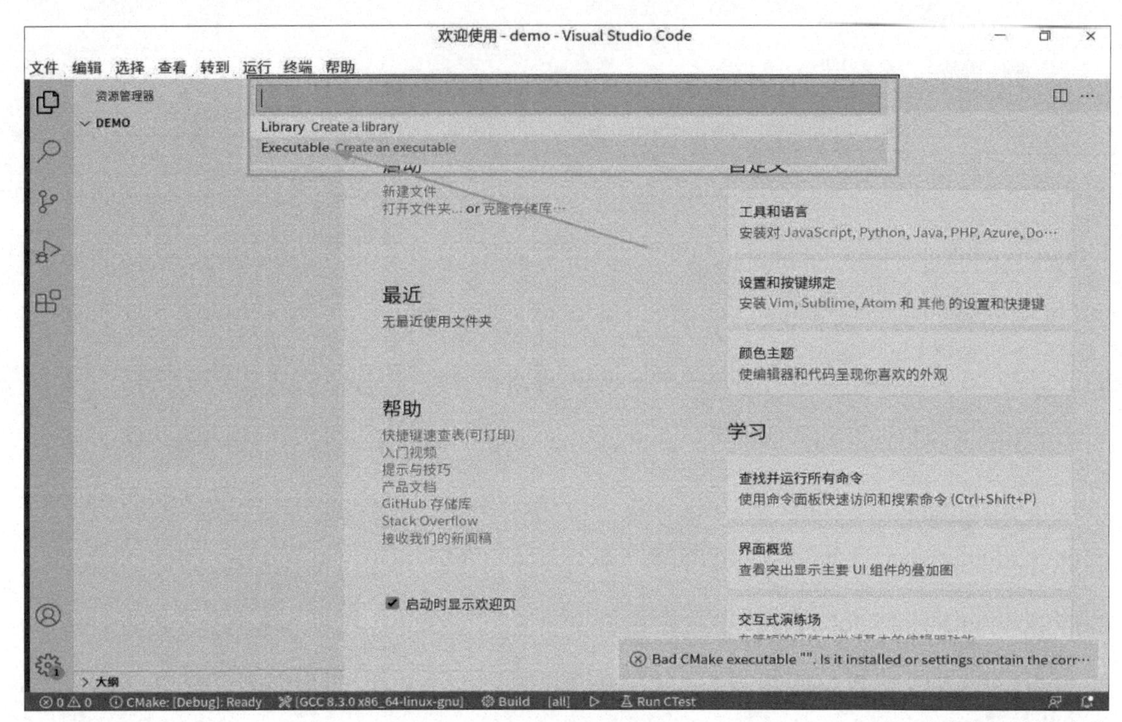

图 2-32 选择生成库或生成执行文件

08 自动生成 CMakeLists.txt、main.cpp 文件及 build 文件夹，如图 2-33 所示。

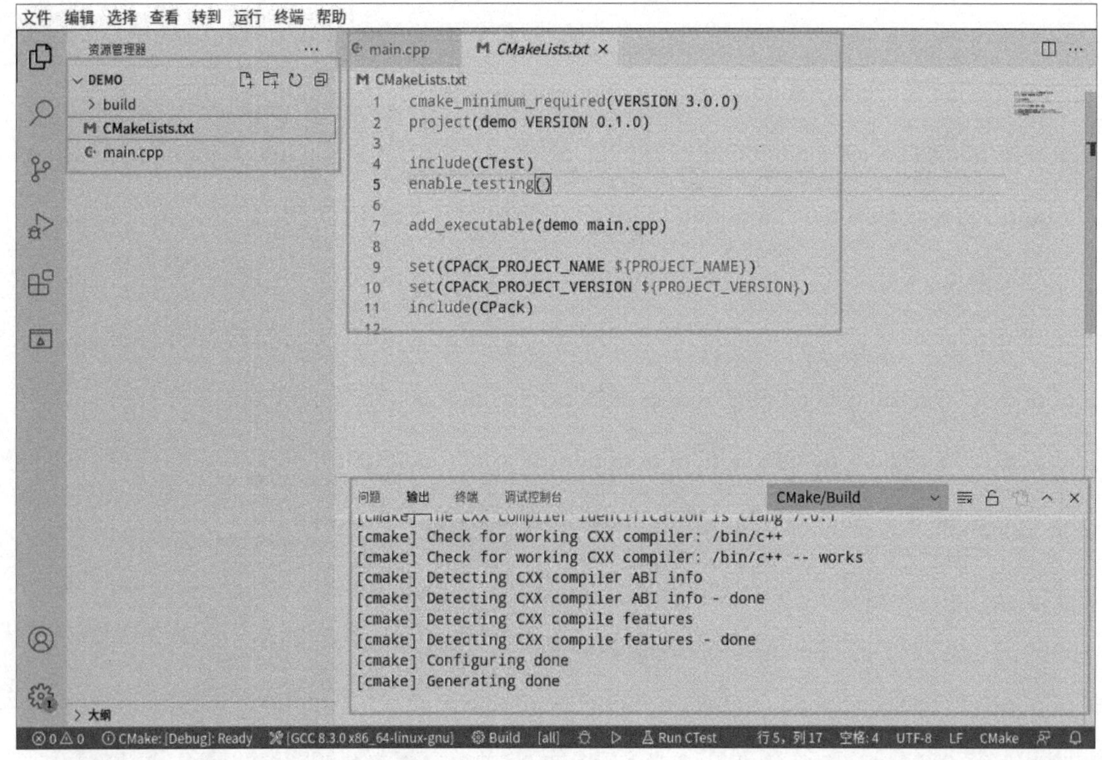

图 2-33 自动生成对象

生成的 CMakeLists.txt 文件内容如下。

```
cmake_minimum_required(VERSION 3.0.0)      # 确定 CMake 最低的版本号
project(test VERSION 0.1.0)                # 确定项目名和版本号

include(CTest)                             # 引入 CTest 模块
enable_testing()

add_executable(test main.cpp)              # 通过 main.cpp 生成可执行文件

set(CPACK_PROJECT_NAME ${PROJECT_NAME})    # 设置 CPack 变量
set(CPACK_PROJECT_VERSION ${PROJECT_VERSION})
include(CPack)                             # 引入 CPack 模块
```

09 配置调试文件，在运行菜单中，选择单击“以非调试模式运行”（运行但不调试），然后选择 C++，如图 2-34 所示。

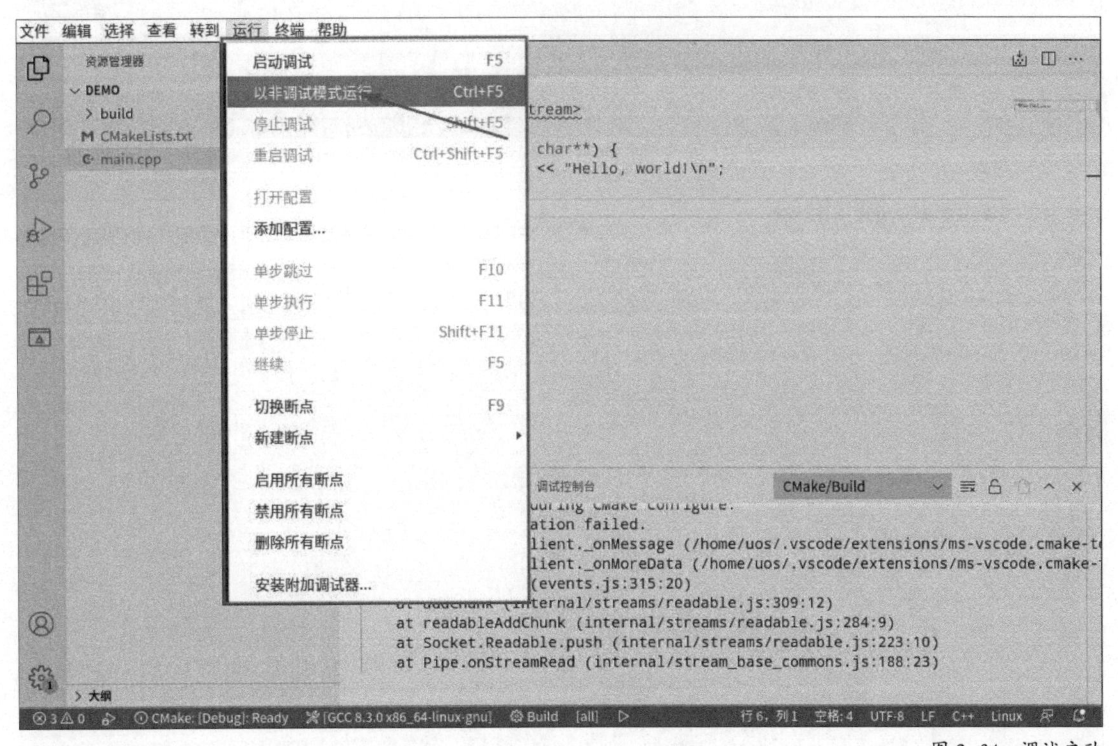

图 2-34 调试启动

10 选择“C++(GDB/LLDB)”进行调试，如图 2-35 所示。

11 选择“g++- 生成和调试活动文件”，如图 2-36 所示。

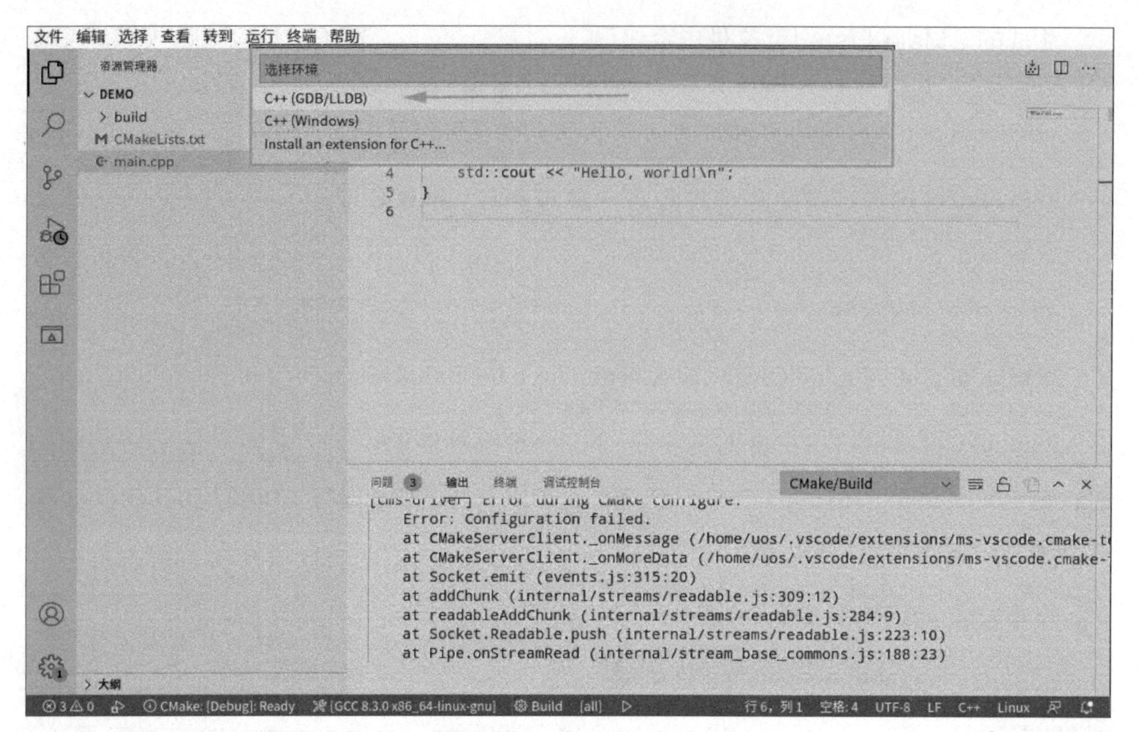

图 2-35 调试

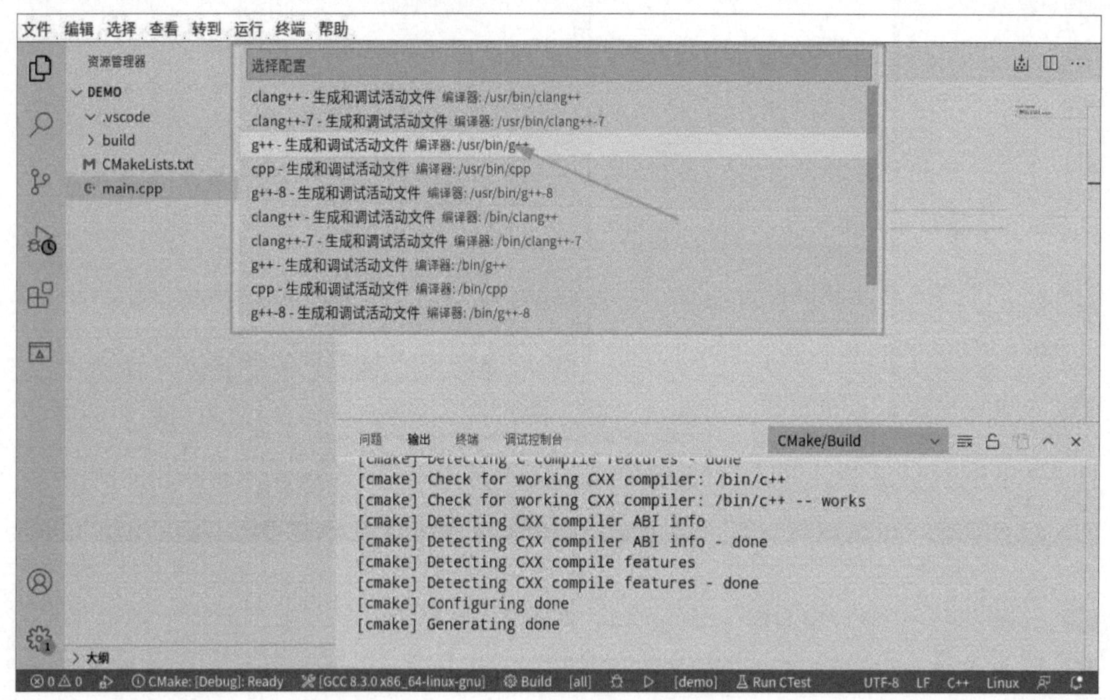

图 2-36 生成和调试文件

12 编辑生成的 launch.json，更改 program 参数，即更改程序启动路径。

```
{
    // 使用 Intellisense 了解可能的属性
    // 悬停以查看现有属性的描述
    // 欲了解更多信息，请访问 : https://go.microsoft.com/fwlink/?linkid=830387
```

```
    "version": "0.2.0",
    "configurations": [
        {
            "name": "g++- 生成和调试活动文件 ",
            "type": "cppdbg",
            "request": "launch",
            "program": "${command:cmake.launchTargetPath}",
            "args": [],
            "stopAtEntry": false,
            "cwd": "${fileDirname}",
            "environment": [],
            "externalConsole": false,
            "MIMode": "gdb",
            "setupCommands": [
                {
                    "description": " 为 gdb 启用整齐打印 ",
                    "text": "-enable-pretty-printing",
                    "ignoreFailures": true
                }
            ],
            "preLaunchTask": "C/C++: g++ 生成活动文件 ",
            "miDebuggerPath": "/usr/bin/gdb"
        }
    ]
}
```

13 保存后启动调试，进行测试，如图 2-37 所示。成功输出“Hello，world!”表明测试成功。

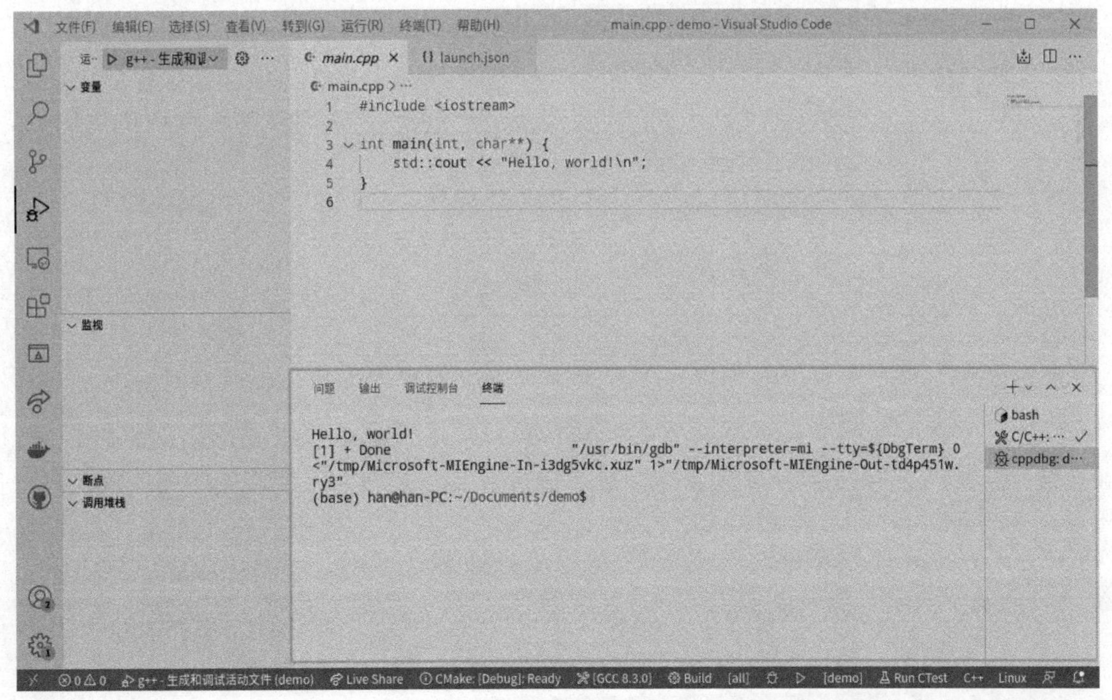

图 2-37 调试运行

该项目介绍了在统信 UOS 环境下通过 VS Code、CMake、CMake Tools 开发和调试 C++ 程序的基本过程。

第 3 章

Qt 元对象系统

Qt 元对象系统是一个基于标准 C++ 的扩展，为 Qt 提供了信号和槽（Signals and Slots）机制、实时类型信息以及动态属性系统。Qt 的元对象系统很强大。要掌握 Qt 就必须要掌握信号和槽，要掌握信号和槽就要掌握 Qt 的元对象系统。元对象系统主要基于 3 个内容：QObject 类、Q_OBJECT 和元对象编译器。

【目标任务】

了解 Qt 元对象系统。

【知识点】

- Qt 元对象系统介绍。
- Qt 元对象系统功能。
- Qt 元对象系统实现。

3.1 元对象系统介绍

Qt 的元对象系统是一个基于标准 C++ 的扩展，为 Qt 提供了 3 个重要的特性。

- 信号和槽机制：实现各个组件之间的通信。
- 实时类型信息：通过运行时使用的类型，执行不同的函数，复用接口。
- 动态属性系统：存储类的相关信息，用于在运行时识别类对象的信息。

实时类型信息和动态属性系统使 Qt 具有了动态语言的特点。信号和槽机制是 Qt 中处理事件响应的方法，后面另有专门的章节进行详细介绍。

Qt 的元对象系统基于如下 3 个内容。

1. 类：QObject

QObject 类为所有需要利用元对象系统的对象提供了一个基类，它是 Qt 的核心类，很多 Qt 类都由其继承而来。QObject 类包括以下特点。

（1）对象模型的核心。信号和槽是基于对象模型（两个对象的连接）的，而 QObject 是对象模型的核心，体现在常用的 QObject::connect() 函数上，后面会分析 QObject::connect() 源代码。

（2）对象继承以树形结构方式组织，体现在 QObject::setParent()、QObject::findChild()、QObject::findChildren() 这几个函数上。这种树形结构保持了众多对象之间严密的父子、逻辑关系。

（3）每一个对象都有一个独立的名字，并且可以查出该对象的继承关系。这些对象的不同名字是使用 findChild() 函数的关键，也是 QML 和 C++ 混合编程时的关键。QObject 有这个属性，但并不是它自己实现的，是 QMetaObject 帮助实现的。QMetaObject 是设置这些属性规则，并建立对象之间关系的关键。

（4）对象在销毁时会发出一个信号。

（5）安装事件过滤器，让对象接受或者不接受某些事件以及事件的处理，常用到的有 mouseEvent()、timeEvent() 等事件处理函数。在某些没有继承 QObject 类中是不能使用这些函数的，如 QGraphicsItem 以及它派生出来的其他图元类。

2. 宏：Q_OBJECT

Q_OBJECT 宏通常可以声明在类中，让该类可以使用元对象系统的特性，比如动态属性系统、信号和槽机制。

3. 编译器

元对象编译器（Meta-Object-Compiler，MOC）为每个 QObject 子对象自动生成必要的代码来实现元对象系统特性。

signals、slots 关键字并不是标准 C++ 的内容，代码最后要交给 C++ 编译器，因此需要把这部分内容转化成 C++ 编译器认识的内容，这个工作就由 MOC 来完成。这里需要注意的是，元对象编译的工作是发生在预编译之前的，简单说就是元对象编译之后每一个包含 Q_OBJECT 宏的头文件，都会根据该头文件里面的 signals、slots 来生成 moc_XXXX(自定义类名)的.cpp文件。常用IDE构建生成的.o文件，就是最终的目标文件(包含元对象编译生成的 .cpp 文件)。这个中间生成过程用 qmake 生成 makefile 可以清楚地看到编译文件的连接情况。

3.2 元对象系统功能

MOC 会读入 C++ 的源文件，如果它发现了一个或者多个声明了 Q_OBJECT 宏的类，就创建另一个 C++ 源文件，为每个类生成包含元对象实现的代码。这些编译生成的源文件通常都已经被包含到类的源文件中，或者和类的实现同时被编译和链接。

除了为对象间的通信提供信号和槽机制之外，元对象系统的代码还提供下列特性。

- QObject::metaObject()：返回与该类绑定的 meta-object 对象。
- QMetaObject::className()：可以在运行时以字符串的形式返回类的名字，不需要 C++ 编译器原生的运行时类型信息（Run-Time Type Information，RTTI）的支持。
- QObject::inherits()：返回继承信息，对象是否是 QObject 继承树上一个类的实例。
- QObject::tr() 和 QObject::trUtf8()：提供语言支持，将字符串翻译成指定的语言。
- QObject::setProperty() 和 QObject::property()：通过名字动态设置和获取对象属性。
- QMetaObject::newInstance()：构造该类的一个新实例。除此之外还可以用 qobject_cast() 动态转换 QObject 类的类型。qobject_cast() 函数和标准 C++ 的 dynamic_cast() 功能类似，只是其不需要 RTTI 的支持，而且可以跨越动态连接库的边界。它尝试将它的参数 cast 的类型转换成尖括号内的对象类型，如果对象是正确的类型（运行时决定），则返回非 0；否则返回 0，说明对象类型不兼容。

例如，假设 MyWidget 继承自 QWidget，同时也声明了 Q_OBJECT 宏。

```
QObject *obj = new MyWidget;
```

QObject 类型的变量 obj 实际上指向一个 MyWidget 对象，因此可以按如下操作进行类型转换（类似于 C++ 父类指针指向子类对象）。

```
QWidget *widget = qobject_cast<QWidget *>(obj);
```

到 MyWidget 的类型转换可以成功，是因为 qobject_cast() 并没有区别对待 Qt 内建对象和定制的扩展对象（类似于 C++ 子类指针不可指向父类对象）。

```
QLabel *label = qobject_cast<QLabel *>(obj);// label 是 0
```

到 QLabel 的类型转换则会失败，指针会被设置为 0。这样可以在运行时根据对象类型，对不同类型的对象进行不同的处理，具体代码如下。

```
if (QLabel *label = qobject_cast<QLabel *>(obj))
{
label->setText(tr("Ping"));
}
else if (QPushButton *button = qobject_cast<QPushButton *>(obj))
{
button->setText(tr("Pong!"));
}
```

尽管在不用 Q_OBJECT 宏和元对象信息的情况下，仍旧可以使用 QObject 作为基类，但是像信号和槽以及其他特性将无法使用。从元对象系统的观点来看，一个没有元对象代码的 QObject 子类和其最接近的有元对象代码的祖先是等同的。这也就意味着，QMetaObject::className() 将不会返回类的真实名字，而返回该类某一个祖先的名字。

因此，强烈建议所有 QObject 的子类都用 Q_OBJECT 宏，不管实际上是否使用信号和槽以及其他特性。

3.3 元对象系统实现

Qt 对标准的 C++ 语言进行了一定程度的扩展，这可以从 Qt 增加的关键字看出来：signals、slots 或 emit。但是使用 GCC 编译时，编译器并不认识这些非标准 C++ 的关键字，因此需要 Qt 自己将扩展的关键字处理成标准的 C++ 代码。Qt 在编译之前会分析源文件，如果发现包含了 Q_OBJECT 宏时，则会生成另外一个标准的 C++ 源文件。这个源文件中包含了 Q_OBJECT 宏的实现代码，源文件名是由原文件名及其前面加上的 moc_ 构成的，这个新的文件同样将进入编译系统，最终被链接到二进制代码中。此时，Qt 将自己增加的扩展转换成标准的 C++ 文件。这就是 MOC 文件的由来。

3.3.1 MOC 文件示例

下面来分析一个具体的 MOC 文件，示例代码的头文件如下。

```
#include <QObject>
class CTestMoc : public QObject
{
Q_OBJECT
public:
CTestMoc(){}
~CTestMoc(){}
signals:
void Test1();
```

```
void Test2(int iTemp);
private slots:
void OnTest1();
void OnTest2(int iTemp);
};
```

接下来分析上述代码中的 Q_OBJECT 宏。

```
#define Q_OBJECT \
public: \
Q_OBJECT_CHECK \
static const QMetaObject staticMetaObject; \
virtual const QMetaObject *metaObject() const; \
virtual void *qt_metacast(const char *); \
QT_TR_FUNCTIONS \
virtual int qt_metacall(QMetaObject::Call, int, void **); \
private: \
Q_DECL_HIDDEN_STATIC_METACALL static void qt_static_metacall(QObject *,
        QMetaObject::Call, int, void **); \
struct QPrivateSignal {};
```

该宏在 QObjectdefs.h 头文件中定义，其中 Q_OBJECT_CHECK 的定义如下。

```
#define Q_OBJECT_CHECK \
Template inline void qt_check_for_QOBJECT_macro(const ThisObject &_q_argument) const \
{ int i = qYouForgotTheQ_OBJECT_Macro(this, &_q_argument); i = i + 1; }
```

宏展开会调用 qYouForgotTheQ_OBJECT_Macro() 这个内联函数。这个函数始终返回 0，Q_OBJECT_CHECK 宏并没有工作。

```
inline int qYouForgotTheQ_OBJECT_Macro(T, T) { return 0; }
static const QMetaObject staticMetaObject
```

上面的第二个语句是静态的元对象，这个对象会在 MOC 文件里构建，在那里就能看到整个信号和槽的全貌。

```
virtual const QMetaObject *metaObject() const;
```

上面这个语句返回一个元对象。

```
virtual void *qt_metacast(const char *);
```

元对象中的字符数据转换。

```
virtual int qt_metacall(QMetaObject::Call, int, void **);
```

元对象调用入口，注意此函数是公有的，槽函数调用也是由这个函数开始。

```
static void qt_static_metacall(QObject *, QMetaObject::Call, int, void **);
```

先通过 qt_metacall() 函数调用，槽函数才能调用实际的处理函数。Q_DECL_HIDDEN_STATIC_METACALL 这个宏和 Linux 操作系统有关，在其他系统中这个宏是一个空的宏。

3.3.2 MOC 文件重要的数据结构体

下面进一步分析 MOC 文件。MOC 文件有几个重要的数据结构体，把这几个结构体之间的关系描述清楚就可以理解 Qt 的信号和槽机制是如何工作的。

1. qt_meta_stringdata_CTestMoc_t

第一个结构体是 qt_meta_stringdata_CTestMoc_t，定义如下。

```
struct qt_meta_stringdata_CTestMoc_t {
QByteArrayData data[7];
char stringdata[45];
};
```

data 字段是一个由字节数组组成的数组，数组大小与信号和槽的个数有关，这个数组在调用 QObject 的 connect() 函数时用来匹配信号名或槽名。

stringdata 存放的是字符资源，存放全部的信号名、槽名、类名。

第一个结构体的使用示例如下。

```
static const qt_meta_stringdata_CTestMoc_t qt_meta_stringdata_CTestMoc = {
{
QT_MOC_LITERAL(0, 0, 8),
QT_MOC_LITERAL(1, 9, 5),
QT_MOC_LITERAL(2, 15, 0),
QT_MOC_LITERAL(3, 16, 5),
QT_MOC_LITERAL(4, 22, 5),
QT_MOC_LITERAL(5, 28, 7),
QT_MOC_LITERAL(6, 36, 7)
},
"CTestMoc\0Test1\0\0Test2\0iTemp\0OnTest1\0"
"OnTest2\0"
};
```

qt_meta_stringdata_CtestMoc_t 是 qt_meta_stringdata_CTestMoc_t 结构体的一个实例。

QT_MOC_LITERAL(0,0,8) 这个宏生成一个字节数组。其中第一个参数是索引，可以看到索引由 0 ~ 6 共 7 个数字组成，对应的是 data 字段的长度 7；第二个参数指的是在 stringdata 字段中的开始位置；第三个参数是 stringdata 字段的长度。

例如 QT_MOC_LITERAL(0,0,8) 的索引是 0，开始位置是 0，长度是 8，对应的字符是“CTestMoc”，后面的以此类推。

2. static const uint qt_meta_data_CTestMoc[]

第二个结构体是 static const uint qt_meta_data_CTestMoc[]，这个结构体描述的是信号和槽在调用时的索引、参数、返回值等信息。

```
static const uint qt_meta_data_CTestMoc[] = {
// 内容
```

```
    7, // 修订号
    0, // 类名
    0, 0, // 类信息
    4, 14, // 方法
    0, 0, // 属性
    0, 0, //枚举/集合
    0, 0, // 构造器
    0, // 标识
    2, // 信号量
    // 信号 : 名字 , argc, 参数 , 标签, 标识
    1, 0, 34, 2, 0x06,
    3, 1, 35, 2, 0x06,
    // 槽 : 名字 , argc, 参数 , 标签, 标识
    5, 0, 38, 2, 0x08,
    6, 1, 39, 2, 0x08,
    // 信号: 参数
    QMetaType::Void,
    QMetaType::Void, QMetaType::Int, 4,
    // 槽: 参数
    QMetaType::Void,
    QMetaType::Void, QMetaType::Int, 4,
    0 // eod
    };
```

这个数组的前 14 个无符号整数描述的是元对象的私有信息，定义在 qmetaobject_p.h 文件的 QMetaObjectPrivate 结构体当中，这里对该结构体不进行进一步分析，不过要说明的是，在这个结构体中 4,14 这个信息描述的是信号和槽的个数以及在表中的偏移量，即 14 个无符号整数之后是信息和槽的信息。

在 qt_meta_data_CTestMoc 这个表中可以看到，每描述一个信号或槽需要 5 个无符号整数。

例如，从表的第 14 个无符号整数开始描述的是信号信息。

```
    // 信号 : 名字 , argc, 参数 , 标签 , 标识
    1, 0, 34, 2, 0x06,
    3, 1, 35, 2, 0x06,
```

- 名字（name）：对应的是 qt_meta_stringdata_CTestMoc 索引，例如 1 对应的是 Test1。
- argc：参数个数。
- 参数（parameters）：参数在 qt_meta_data_CTestMoc 这个表中的索引位置。

例如：

```
    // 信号 : 参数
    QMetaType::Void,
    QMetaType::Void, QMetaType::Int, 4,
```

Void 是信号的返回值；QMetaType::Int 是参数类型；4 是参数名，对应 qt_meta_stringdata_CTestMoc 中的索引。

- 标签（tag）：这个字段的数值对应的是 qt_meta_stringdata_CTestMoc 索引，在这个 MOC 文件里对应的是一个空字符串。
- 标识（flags）：一个特征值，在 enum MethodFlags 枚举中定义，具体取值如下。

```
enum MethodFlags {
AccessPrivate = 0x00,
AccessProtected = 0x01,
AccessPublic = 0x02,
AccessMask = 0x03, //mask
MethodMethod = 0x00,
MethodSignal = 0x04,
MethodSlot = 0x08,
MethodConstructor = 0x0c,
MethodTypeMask = 0x0c,
MethodCompatibility = 0x10,
MethodCloned = 0x20,
MethodScriptable = 0x40,
MethodRevisioned = 0x80
};
```

可以看到，槽对应的是 MethodSlot，信号对应的是 MethodSignal 和 AccessPublic 相或运算。

3. QObject 中的静态函数 qt_static_metacall() 实现

```
void CTestMoc::qt_static_metacall(QObject *_o, QMetaObject::Call _c, int _id, void **_a)
{
if (_c == QMetaObject::InvokeMetaMethod) {
CTestMoc *_t = static_cast(_o);
switch (_id) {
case 0: _t->Test1(); break;
case 1: _t->Test2((*reinterpret_cast< int(*)>(_a[1]))); break;
case 2: _t->OnTest1(); break;
case 3: _t->OnTest2((*reinterpret_cast< int(*)>(_a[1]))); break;
default: ;
}
......
}
```

qt_static_metacall() 方法通过索引调用其他内部方法。Qt 动态机制不采用指针，而由索引实现，实际调用方法的工作由编译器实现。这使得信号和槽的机制执行效率比较高。

参数由一个指向指针数组的指针进行传递，并在调用方法时进行适当的转换。当然，使用指针是将不同类型的参数放在一个数组中的唯一办法。参数索引从 1 开始，因为 0 代表函数返回值。

4. QObject 中的静态 staticMetaObject 赋值

```
const QMetaObject CTestMoc::staticMetaObject = {
{ &QObject::staticMetaObject, qt_meta_stringdata_CTestMoc.data,
```

```
    qt_meta_data_CTestMoc, qt_static_metacall, 0, 0}
};
```

这个静态变量保存了 MOC 文件的信号和槽的调用索引信息。在信号和槽绑定的时候就是通过这些信息一步一步建立的绑定关系。

信号就是函数，可以在 MOC 文件中看到信号的实现。

从以上分析可以得出以下结论。

（1）Qt 的信号与槽之间的调用不是通过指针方式，而是通过索引方式。

（2）信号也是一个函数。

本章主要介绍了 Qt 元对象系统、系统功能和系统实现，相关概念比较抽象，读者可以在后续学习过程中进一步理解。

第 4 章

信号和槽机制

信号和槽是 Qt 编程的基础，也是 Qt 的一大创新。有了信号和槽的编程机制，在 Qt 中处理界面各个组件的交互操作变得更加直观和简单。所谓信号和槽，实际就是观察者模式。当某个事件发生之后，比如按钮被单击，就会发出一个信号。GUI 程序设计的主要内容就是对界面上各组件发出的信号进行响应，需要知道什么情况下会发出哪些信号，合理地去响应和处理这些信号。

【目标任务】

掌握信号和槽的概念。

【知识点】

- 信号：当某个事件发生之后就发出一个信号。
- 槽：处理函数。
- 信号和槽的连接和关闭。

【项目实践】

UOS 程序启动器：生成一个有 9 个按钮的界面，单击按钮实现对应用程序的关闭。

4.1 Qt 自带的信号和槽

信号（Signal）就是在特定情况下被发射的事件，例如 QPushButton 最常见的信号就是单击时发射的 clicked() 信号，一个 ComboBox 最常见的信号是选择的列表项变化时发射的 CurrentIndexChanged() 信号。

槽是响应信号的函数，与一般 C++ 函数是一样的，可以声明为 public、private、protected，可以带任何参数，也可以被直接调用。

槽函数与一般函数不同的是：槽函数可以和信号关联，当信号被发射时，关联的槽函数被自动执行。

信号和槽关联是用 QObject::connect() 函数实现的，其基本格式如下。

```
QObject::connect(sender, SIGNAL(signal()), receiver, SLOT(slot()));
```

connect() 是 QObject 类的一个静态函数，而 QObject 是所有 Qt 类的基类，在实际调用时可以忽略前面的限定符，即可以直接写为 connect(sender, SIGNAL(signal()), receiver, SLOT(slot()));。

其中，sender 是发射信号的对象的名称；signal() 是信号的名称，信号可以看作特殊的函数，需要带括号，有参数时也需要指明参数；receiver 是接收信号的对象名称；slot() 是槽函数的名称，需要带括号，有参数时也需要指明参数。

SIGNAL 和 SLOT 是 Qt 的宏，用于指明信号和槽，并将它们的参数转换为相应的字符串。

应用程序中常见的按钮最主要的功能就是被单击后触发一些事情。下面的例子将实现一个小功能：单击按钮就关闭当前的窗口。那么在 Qt 中，这样的功能如何实现呢？其实只要两行代码就可以，具体如下。

```
QPushButton * quitBtn = new QPushButton("关闭窗口",this);
connect(quitBtn,&QPushButton::clicked,this,&MyWidget::close);
```

第一行代码是创建一个关闭按钮；第二行代码就是核心了，也就是信号槽的使用方式，将信号与接收对象窗体的关闭槽函数连接起来。

系统自带的信号和槽通常可查看帮助文档。比如上面的按钮的单击信号，在帮助文档中输入 QPushButton，首先可以在 Contents 中寻找关键字 signals，即信号的意思，但是并没有找到，这时候应该想到也许这个信号是从父类继承下来的，因此去其父类 QAbstractButton 中就可以找到该关键字。单击 signals 索引到系统自带的信号汇总如下。

```
void clicked(bool checked = false)
void pressed()
void released()
void toggled(bool checked)
3 signals inherited from QWidget
2 signals inherited from QObject
```

最后两行显示有 3 个信号继承于 Qwidget，2 个信号继承于 QObject。clicked() 就是我们要找到的单击函数。槽函数的寻找方式和信号一样，只不过关键字是 slot。

4.2 自定义信号和槽

connect() 不仅可以连接系统提供的信号和槽，还可以连接设计的信号和槽。下面介绍如何使用自定义的信号和槽。

01 首先定义一个学生类和老师类，在老师类中声明信号：hungry()（饿了）。

```
signals:
        void hungry();
```

在学生类中声明槽：treat()（请客）。

```
public slots:
        void treat();
```

02 在窗口中声明一个公共方法：ClassIsOver()（下课）。这个方法的调用会触发“老师饿了”这个信号，而响应槽函数“学生请客”。

```
void MyWidget::ClassIsOver()
{
     //发送信号
     emit teacher->hungry();
}
```

03 学生响应了槽函数，并且打印信息。

```
//自定义槽函数
void Student::eat()
{
     qDebug() << "该吃饭了！ ";
}
```

04 在窗口中连接信号槽。

```
teacher = new Teacher(this);
student = new Student(this);
connect(teacher,&Teacher::hungry,student,&Student::treat);
```

如果调用老师的下课函数，测试学生对象会打印出“该吃饭了！”。

如果自定义的信号 hungry() 带参数，则需要提供重载的自定义信号和自定义槽。

```
void hungry(QString name);  //自定义信号
void treat(QString name );  //自定义槽
```

但是，因为有两个重名的自定义信号和自定义槽，直接连接会报错，此时可以利用函数指针来指向重载的上述两个函数地址，然后再做连接。

```
void (Teacher:: * teacherSingal)(QString) = &Teacher::hungry;
void (Student:: * studentSlot)(QString) = &Student::treat;
connect(teacher,teacherSingal,student,studentSlot);
```

自定义信号和槽需要注意的事项如下。

- 发送者和接收者都需要是 QObject 的子类（当然，槽函数是全局函数、Lambda 表达式等无须接收者的情况除外）。
- 信号和槽函数返回值是 void。
- 信号只需要声明，不需要实现。
- 槽函数需要声明，也需要实现。
- 槽函数是普通的成员函数，作为成员函数，会受到 public、private、protected 的影响。
- 使用 emit 在恰当的位置发送信号。
- 使用 connect() 函数连接信号和槽。
- 任何成员函数、static 函数、全局函数和 Lambda 表达式都可以作为槽函数。
- 信号槽要求信号和槽的参数一致（所谓一致，指参数类型一致）。

如果信号和槽的参数不一致，允许槽函数的参数可以比信号的少，即便如此，槽函数的参数顺序也必须和信号的前几个参数一致。这是因为，用户可以在槽函数中选择忽略信号传来的数据（也就是槽函数的参数比信号的少）。

4.3 项目案例：UOS 程序启动器

UOS 系统中提供了两种形式的程序启动器，一种类似 Windows 操作系统的开始菜单，另一种如图 4-1 所示，会列出各个应用程序的启动图标。本案例模拟图 4-1 所示的界面，并模拟对应用程序进行关闭操作。

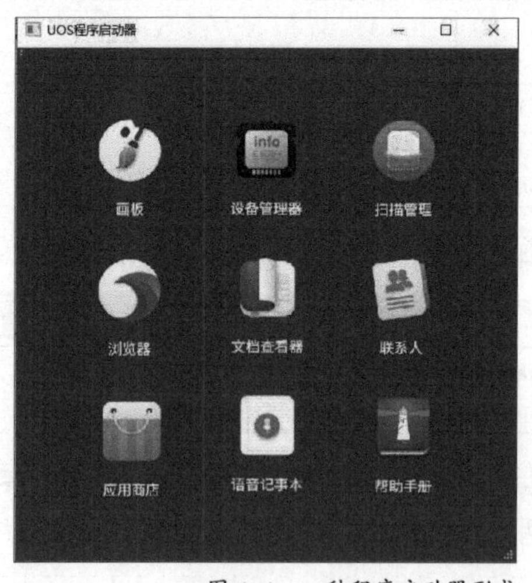

图 4-1　一种程序启动器形式

通过 Qt Creator 界面选择新建一个项目，选择基于“MainWindow”类的项目，根据向导操作完成后，切换到代码编辑模式，在窗口类的构造函数中添加如下代码。

```
MainWindow::MainWindow(QWidget *parent) :
    QMainWindow(parent),
    ui(new Ui::MainWindow)
{
    ui->setupUi(this);
    //设置窗口大小
    setGeometry(QRect(300,300,480,480));

    //设置窗口背景色
    QPalette palette(this->palette());
    palette.setColor(QPalette::Background, QColor(123,63,52));
    this->setPalette(palette);

    //设置窗口标题
    setWindowTitle("UOS 程序启动器");

    //创建 9 个应用程序启动图标
    for(int i=0;i<3;i++){
        for(int j=0;j<3;j++){
            //创建一个按钮
            QPushButton *button = new QPushButton(this);
            //设置按钮的大小和位置
            button->setGeometry(QRect(50+i*130,50+j*130,120,120));

            //创建一个图标 QIcon 对象，资源文件路径可以是绝对路径，也可以是导入项目后资源文件的路径
            QIcon icon3D(QPixmap(QString(":/ico/ico/image%1.png").arg(i*3+j+1)).
                    scaled(QSize(119, 119)));

            //设置按钮文字
            button->setText("");

            //设置按钮的图标
            button->setIconSize(QSize(120, 120));
            button->setIcon(icon3D);

            //连接信号和槽：单击按钮退出程序
            connect(button,SIGNAL(clicked()),this,SLOT(close()));
        }
    }
}
```

下面对程序启动器中的核心代码进行解释。

首先创建 9 个应用程序启动图标，然后通过 setGeometry() 设置按钮的大小和位置，每个按钮通过 setIcon() 加载不同的图片。

通过 QIcon() 加载图片，然后调用按钮的 setIcon() 方法为按钮设置图片。使用 setIconSize() 设置图片的大小为 (120,120)。

使用 connect() 为每个按钮连接单击的信号到关闭窗口的槽函数，这样单击每个按钮都可以关闭窗口。

4.4 信号和槽的拓展

下面对信号和槽的内容进行总结与拓展。

- 在使用信号和槽的类中，必须在类的定义中加入宏 Q_OBJECT。
- 严格情况下，信号与槽的参数个数和类型需要一致，至少信号的参数不能少于槽的参数。如果不匹配，会出现编译错误或运行错误。
- 当一个信号被发射时，与其关联的槽函数通常被立即执行，就像正常调用一个函数一样。只有当信号关联的所有槽函数执行完毕后，才会执行发射信号后面的代码。
- 一个信号可以连接多个槽，例如：

```
connect(spinNum, SIGNAL(valueChanged(int)), this, SLOT(addFun(int));
connect(spinNum, SIGNAL(valueChanged(int)), this, SLOT(updateStatus(int));
```

这时当一个对象 spinNum 的数值发生变化时，所在窗体有两个槽进行响应，addFun() 用于计算，updateStatus() 用于更新状态。

- 当一个信号与多个槽函数关联时，槽函数按照建立连接时的顺序依次执行。当信号和槽函数带有参数时，在 connect() 函数里，要写明参数的类型，可以不写参数名称。
- 多个信号可以连接同一个槽，可以让 3 个选择颜色的 RadioButton 的 clicked() 信号关联到相同的一个自定义槽函数 setTextFontColor()。

```
connect(ui->rBtnBlue,SIGNAL(clicked()),this,SLOT(setTextFontColor()));
connect(ui->rBtnRed,SIGNAL(clicked()),this,SLOT(setTextFontColor()));
connect(ui->rBtnBlack,SIGNAL(clicked()),this,SLOT(setTextFontColor()));
```

这样，当任何一个 RadioButton 被单击时，都会执行 setTextFontColor() 函数。

- 一个信号可以连接另外一个信号，例如：

```
connect(spinNum, SIGNAL(valueChanged(int)), this, SIGNAL (refreshInfo(int));
```

这样，当一个信号发射时，也会发射另外一个信号，实现某些特殊的功能。

- 槽可以被取消连接，这种情况并不经常出现，因为当一个对象被删除之后，Qt 自动取消所有连接到这个对象上面的槽。
- 断开信号和槽可利用 disconnect 关键字实现。

信号和槽机制实际上是观察者模式的一种变形。它是面向组件编程的一种很强大的工具。现在，信号和槽机制已经成为计算机科学的一种术语，并有很多种不同的实现。

Qt 信号和槽是 Qt 整个架构的基础之一，因此它同 Qt 提供的组件、线程、反射机制、脚本、元对象机制以及可视化 IDE 等紧密地集成在一起。Qt 的信号是对象的成员函数，所以只有拥有信号的对象才能发出信号。Qt 的组件和连接可以由非代码形式的资源文件给出，并且能够在运行时动态建立这种连接，Qt 的信号和槽实现建立在 Qt 元对象机制之上。

第 5 章

Qt 窗口设计

用户界面（User Interface，UI）设计是指对软件的人机交互、操作逻辑、界面外观的整体设计，UI 设计不仅可以让软件变得有个性、有品位，还可以让软件的操作变得舒适、简单，充分体现软件的定位和特点。窗口设计是 UI 设计的重要组成部分。本章主要介绍 Qt 窗口的菜单栏、工具栏、状态栏、Dock 部件、核心部件以及资源文件等内容。

【目标任务】

掌握 Qt 窗口设计。

【知识点】

- 菜单栏、工具栏、状态栏等的概念与操作。
- Dock 部件和核心部件的使用。
- 资源文件的使用。

【项目实践】

UOS 记事本的主窗口设计：主要包括主界面窗口的设计、菜单的加入，该记事本支持打开文件、关闭文件、保存文件、另存文件等功能。

5.1 QWidget 类简介

QWidget 类是所有 UI 对象的基类，被称为基础窗口部件。QWidget 类继承自 QObject 类和 QPaintDevice 类，其中 QObject 类是所有支持 Qt 对象模型（Qt Object Model）的基类，QPaintDevice 类是所有可以绘制的对象的基类，QWidget 类如图 5-1 所示。

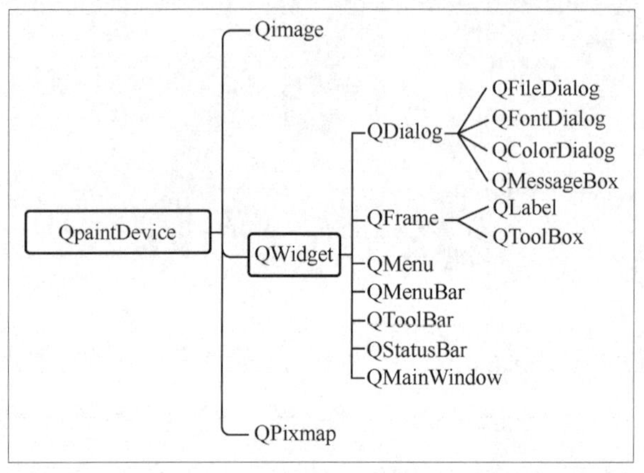

图 5-1　QWidget 类

继承于 QWidget 的类还有很多，这里只列举了几个。其中，QMainWindow 是带有菜单栏和工具栏的主窗口类，QDialog 是各种对话框的基类。不仅如此，其实所有的窗口部件都继承自 QWidget。主窗口为建立应用程序 UI 提供了一个框架，Qt 提供了 QMainWindow 和其他一些相关的类共同进行主窗口的管理。QMainWindow 类拥有自己的布局，如图 5-2 所示。

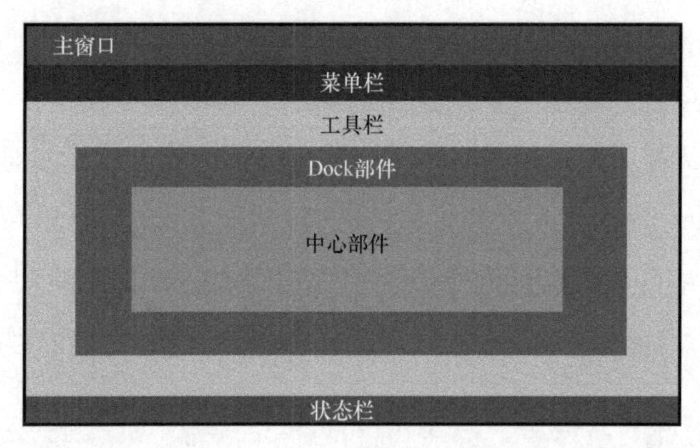

图 5-2　QMainWindow 类的布局

QMainWindow 类包含以下组件。

- 菜单栏（QMenuBar）。菜单栏包含了一个下拉菜单项的列表，这些菜单项由 QAction 动作类实现。菜单栏位于主窗口的顶部，一个主窗口只能有一个菜单栏。
- 工具栏（QToolBar）。工具栏一般用于显示一些常用的菜单项目，也可以插入其他窗口部件，并且工具栏是可以移动的。一个主窗口可以拥有多个工具栏。
- 中心部件（Central Widget）。在主窗口的中心区域可以放入一个窗口部件作为中心部件，中心部件所在区域是应用程序的主要功能实现区域。一个主窗口只能拥有一个中心部件。

- Dock 部件（QDockWidget）。Dock 部件常被称为停靠窗口，因为其可以停靠在中心部件的四周。它用来放置一些部件，从而实现一些功能，就像工具箱。一个主窗口可以拥有多个 Dock 部件。
- 状态栏（QStatusBar）。状态栏用于显示程序的一些状态信息，位于主窗口的底部。一个主窗口只能拥有一个状态栏。

5.2 菜单栏

在 QMainWindow 类的标题栏（主窗口）下方，水平的 QMenuBar 被保留显示 QMenu 类。QMenu 类提供了一个可以添加到菜单栏的小控件，也用于创建上下文菜单和弹出菜单。每个 QMenu 类都可以包含一个或多个 QAction 类或级联的 QMenu 类。

QMenuBar 类提供了一个水平的菜单栏，在 QMainWindow 中可以直接获取它默认存在的菜单栏。向其中添加 QMenu 类型的菜单对象，然后向弹出菜单中添加 QAction 类型的动作对象。

QMenu 中还提供了间隔器，可以在设计器中像添加菜单那样直接添加间隔器，或者在代码中使用 addSeparator() 函数来添加。间隔器是一条水平线，可以将菜单分成几组，使得布局很整齐。

常见的菜单栏操作介绍如下。

（1）创建菜单栏，通过 QMainWindow 类的 menuBar() 函数获取主窗口菜单栏指针，具体代码如下。

```
QMenuBar * menuBar() const
```

（2）创建菜单，调用 QMenu 的成员函数 addMenu() 来添加菜单，具体代码如下。

```
QAction* addMenu(QMenu * menu)
QMenu* addMenu(const QString & title)
QMenu* addMenu(const QIcon & icon, const QString & title)
```

（3）创建菜单项，调用 QMenu 的成员函数 addAction() 来添加菜单项，具体代码如下。

```
QAction* activeAction() const
QAction* addAction(const QString & text)
QAction* addAction(const QIcon & icon, const QString & text)
QAction* addAction(const QString & text, const QObject * receiver,
    const char * member, const QKeySequence & shortcut = 0)
QAction* addAction(const QIcon & icon, const QString & text,
    const QObject * receiver, const char * member,
    const QKeySequence & shortcut = 0)
```

在应用程序中很多命令都可通过菜单来实现，还可以将这些菜单命令放到工具栏中，以方便使用。QAction 就是一种命令动作，可以同时放在菜单和工具栏中。一个 QAction 动作包含了图标、菜单显示文本、快捷键、状态栏显示文本、"What's This?"显示文本及工具提示文本。这些都可以在构建 QAction 类时在构造函数中指定。另外还可以设置 QAction 的 checkable 属性，如果指定这个动作的 checkable 为 true，那么当选中这个菜单时就会在它的前面显示"√"等表示选中状态的符号；如果该菜单有图标，那么会用线框将图标围住，用来表示该动作被选中了。示例代码如下。

```
QMenu *editMenu = ui->menuBar->addMenu(tr(" 编辑 (&E)")); // 添加编辑菜单
// 添加打开文件菜单
QAction *action_Open = editMenu->addAction(QIcon(":/image/images/open.png"),
            tr(" 打开文件 (&O)"));
action_Open->setShortcut(QKeySequence("Ctrl+O"));      // 设置快捷键
```

下面再介绍一个动作组——QActionGroup 类，它可以包含一组动作 QAction，支持这组动作中是否只能有一个动作处于选中状态，这对于互斥型动作很有用。在上面程序的 MainWindow 类构造函数中继续添加如下代码。

```
QActionGroup *group = new QActionGroup(this); // 建立动作组
QAction *action_L = group->addAction(tr(" 左对齐 (&L)")); // 向动作组中添加动作
action_L->setCheckable(true); // 设置动作的 checkable 属性为 true
QAction *action_R = group->addAction(tr(" 右对齐 (&R)"));
action_R->setCheckable(true);
QAction *action_C = group->addAction(tr(" 居中 (&C)"));
action_C->setCheckable(true);
action_L->setChecked(true); // 最后指定 action_L 为选中状态
editMenu->addSeparator(); // 向菜单中添加间隔器
editMenu->addAction(action_L); // 向菜单中添加动作
editMenu->addAction(action_R);
editMenu->addAction(action_C);
```

这里让"左对齐""右对齐""居中"3 个动作处于一个动作组中，并设置"左对齐"动作为默认选中状态。

5.3 工具栏

QToolBar 控件是由文本按钮、图标或其他小控件按钮组成的可移动面板，通常位于菜单栏下方。主窗口的工具栏上可以有多个工具条，通常采用一个菜单对应一个工具条的方式，也可根据需要进行工具条的划分，具体说明如下。

（1）直接调用 QMainWindow 类的 addToolBar() 函数获取主窗口的工具条对象，每增加一个工具条都需要调用一次该函数。

（2）插入属于工具条的动作，即在工具条上添加操作，可通过 QToolBar 类的 addAction() 函数添加。工具条是一个可移动的窗口，它的停靠区域由 QToolBar 的

allowAreas 决定，包括以下几种。

- Qt::LeftToolBarArea：停靠在左侧。
- Qt::RightToolBarArea：停靠在右侧。
- Qt::TopToolBarArea：停靠在顶部。
- Qt::BottomToolBarArea：停靠在底部。
- Qt::AllToolBarAreas：以上 4 个位置都可停靠。

可使用 setAllowedAreas() 函数指定停靠区域，如 setAllowedAreas(Qt::LeftToolBarArea | Qt::RightToolBarArea)；可使用 setMoveable() 函数设定工具条的可移动性，如使用 setMoveable(false) 将工具条设置为不可移动，只能停靠在初始化的位置上。工具栏的操作可参考以下代码。

```
QToolButton *toolBtn = new QToolButton(this);     // 创建 QToolButton
toolBtn->setText(tr(" 颜色 "));
QMenu *colorMenu = new QMenu(this);                // 创建一个菜单
colorMenu->addAction(tr(" 红色 "));
colorMenu->addAction(tr(" 绿色 "));
toolBtn->setMenu(colorMenu);                        // 添加菜单
toolBtn->setPopupMode(QToolButton::MenuButtonPopup); // 设置弹出模式
ui->mainToolBar->addWidget(toolBtn);               // 向工具栏添加 QToolButton 按钮

QSpinBox *spinBox = new QSpinBox(this);            // 创建 QSpinBox
ui->mainToolBar->addWidget(spinBox);              // 向工具栏添加 QSpinBox 部件
```

5.4 状态栏

QMainWindow 类在底部保留有一个水平条，称为状态栏（QStatusBar），用于显示永久的或临时的状态信息。

QMainWindow 中默认提供了一个状态栏。状态信息可以被分为 3 类：临时信息，如一般的提示信息；正常信息，如显示页数和行号；永久信息，如显示版本号或者日期。可以使用 showMessage() 函数来显示临时信息，它会出现在状态栏的最左边。一般用 addWidget() 函数添加一个 QLabel 到状态栏上来显示正常信息，它会出现在状态栏的最左边，可能会被临时信息所掩盖。如果要显示永久信息，要使用 addPermanentWidget() 函数来添加一个可以显示信息的部件（如 QLabel），它会生成在状态栏的右端，不会被临时信息所掩盖。

在状态栏的最右端还有一个 QSizeGrip 部件，用来调整窗口的大小，可以使用 setSizeGripEnabled() 函数来禁用它。

QStatusBar 类常用成员函数如下。

```
//添加小部件
void addWidget(QWidget * widget, int stretch = 0)
//插入小部件
```

```
int insertWidget(int index, QWidget * widget, int stretch = 0)
// 删除小部件
void removeWidget(QWidget * widget)
// 显示临时信息，显示 2000 毫秒，即 2 秒
ui->statusBar->showMessage(tr(" 欢迎使用多文档编辑器 "), 2000);
// 创建标签，设置标签样式并显示信息，然后将其以永久部件的形式添加到状态栏
QLabel *permanent = new QLabel(this);
permanent->setFrameStyle(QFrame::Box | QFrame::Sunken);
permanent->setText("www.qter.org");
ui->statusBar->addPermanentWidget(permanent);
```

5.5 Dock 部件

QDockWidget 类提供了这样一个部件，它可以停靠在 QMainWindow 中，也可以悬浮起来作为桌面顶层窗口，称为 Dock 部件或者停靠窗。Dock 部件一般用于存放一些实现特殊功能的部件，就像一个工具箱。它在主窗口中可以停靠在中心部件的四周，也可以悬浮起来，被拖动到任意地方，还可以被关闭或隐藏。一个 Dock 部件包含一个标题栏和一个内容区域，可以向 Dock 部件中放入任何部件，具体操作参考代码如下。

```
QDockWidget * dock = new QDockWidget(" 标题 ",this);
addDockWidget(Qt::LeftDockWidgetArea,dock);
//设置区域范围
dock->setAllowedAreas(Qt::LeftDockWidgetArea | Qt::RightDockWidgetArea |
                      Qt::TopDockWidgetArea);
```

5.6 中心部件（核心部件）

在主窗口的中心区域可以放置一个中心部件，它一般是一个编辑器或者浏览器。这里支持单文档部件，也支持多文档部件。一般会在这里放置一个部件，然后使用布局管理器使其充满整个中心区域，并可以随窗口的大小变化而改变大小。

可以将 QTextEdit 用作中心部件，QTextEdit 是一个高级的 WYSIWYG（What You See is What You Get，所见即所得）浏览器和编辑器，支持富文本的处理，为用户提供了强大的文本编辑功能。与 QTextEdit 对应的是 QPlainTextEdit 类，它提供了一个纯文本编辑器，这个类与 QTextEdit 类的很多功能相似，只不过无法处理富文本。还有一个 QTextBrowser 类，它是一个富文本浏览器，可以看作 QTextEdit 的只读模式。具体操作参考代码如下。

```
QTextEdit * edit = new QTextEdit(this);
setCentralWidget(edit);
```

中心区域还可以使用多文档部件。Qt 中的 QMdiArea 部件就是用来提供一个可

以显示多文档界面（Multiple Document Interface，MDI）的区域，它代替了以前的 QWorkspace 类，用来有效地管理多个窗口。QMdiArea 中的子窗口由 QMdiSubWindow 类提供，这个类有自己的布局，包含一个标题栏和一个中心区域，可以向它的中心区域添加部件。

5.7 资源文件

Qt 资源系统是一个跨平台的资源机制，用于将程序运行时所需要的资源以二进制的形式存储于可执行文件内部。如果用户的程序需要加载特定的资源（图标、文本翻译等），那么将其放置在资源文件中，就再也不需要担心这些文件的丢失。也就是说，如果将资源以资源文件形式存储，是会编译到可执行文件内部的。

使用 Qt Creator 可以很方便地创建资源文件。在项目上右击，在弹出的快捷菜单中选择“添加新文件”，打开“New File or Project”对话框，可以在 Qt 分类下找到“Qt Resourse File”，如图 5-3 所示。

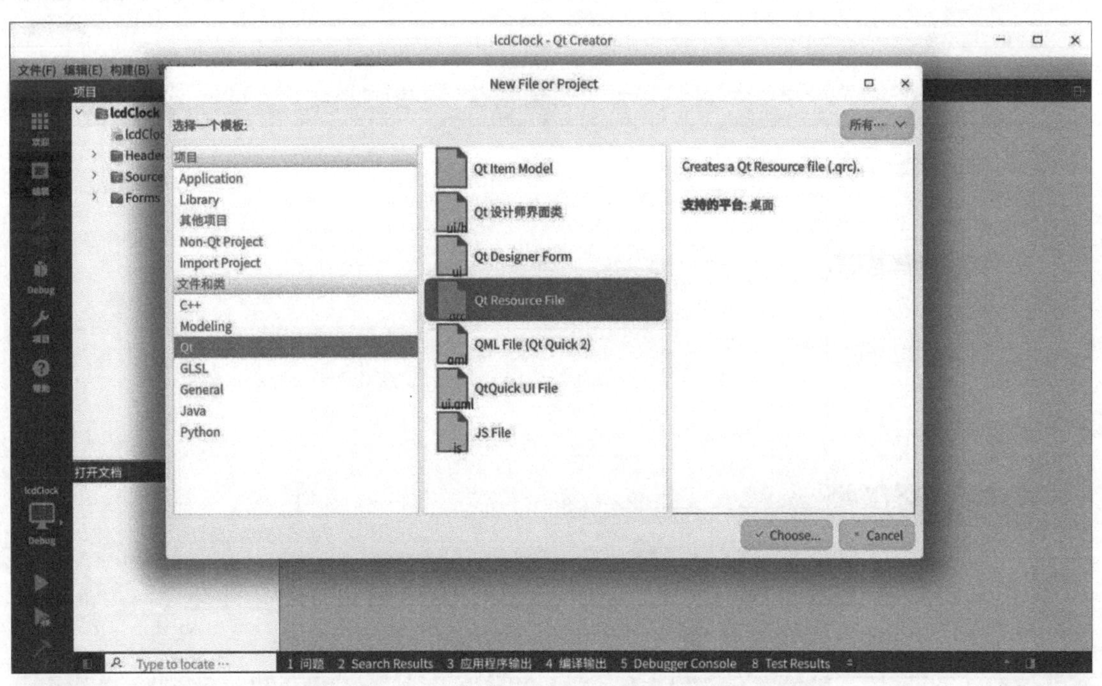

图 5-3 创建资源文件

单击“Choose”按钮，打开“Qt Resource File”对话框。在其中输入资源文件的名称和路径，如图 5-4 所示。

单击“下一步”按钮，选择所需要的版本控制系统，然后直接单击“完成”按钮。可以在 Qt Creator 左侧的文件列表中看到“Resources”项，也就是新创建的资源文件，如图 5-5 所示。

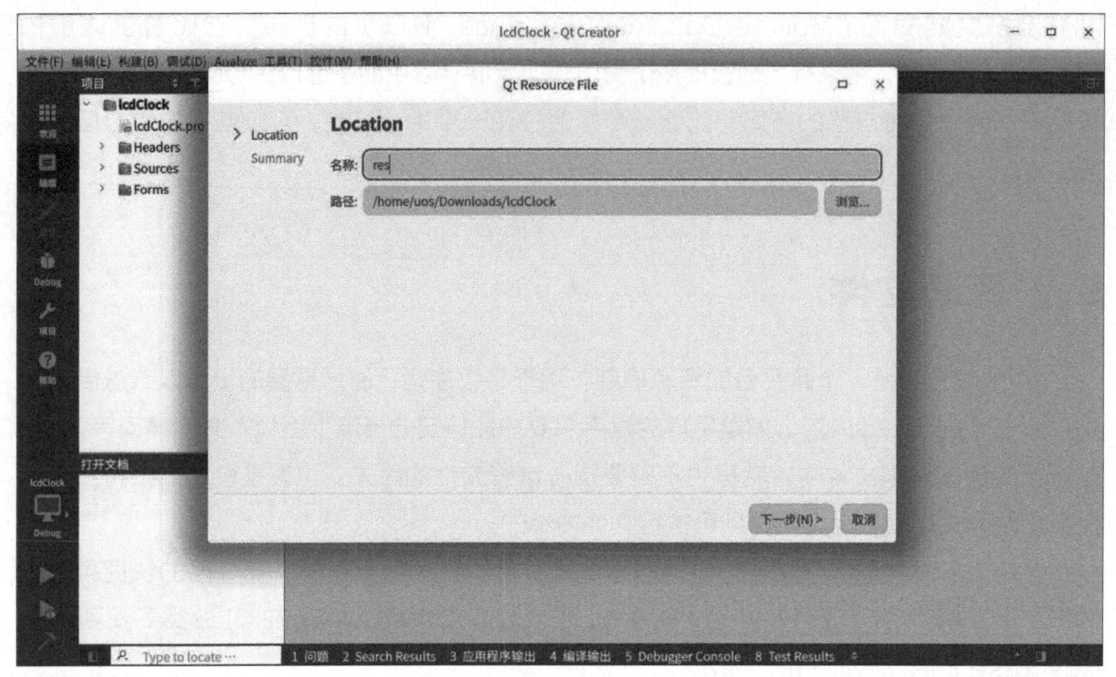

图 5-4 输入资源文件名

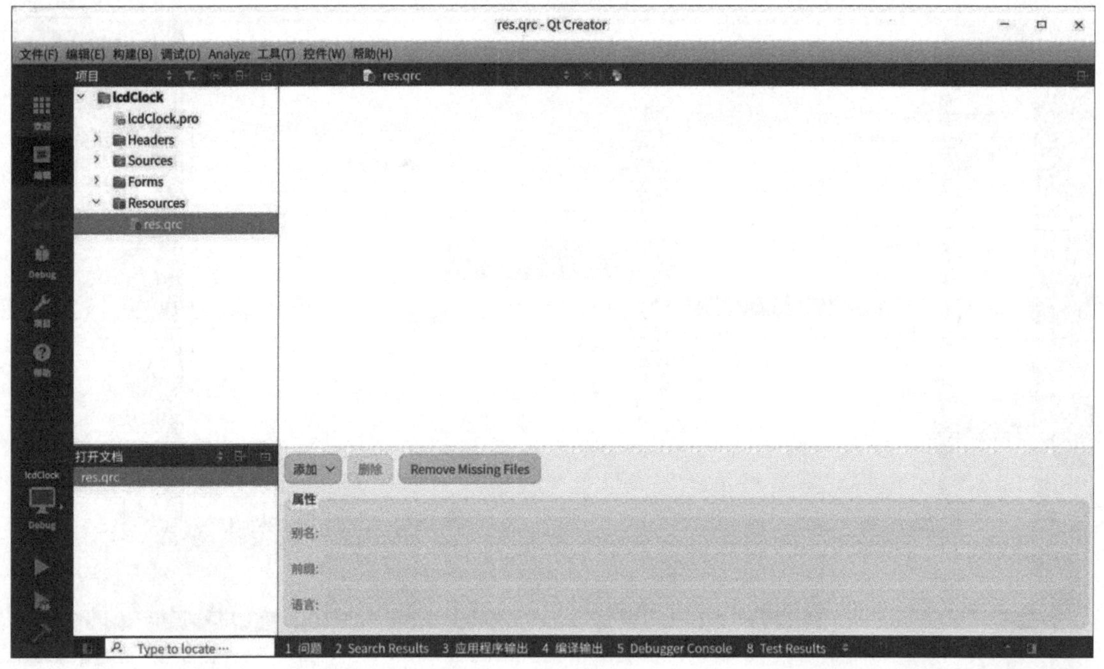

图 5-5 查看新创建的资源文件

右侧的编辑区有一个“添加”按钮，用于添加资源文件。首先需要添加前缀，例如将前缀命名为 images。然后选中这个前缀，继续单击“添加”按钮，可以找到所需添加的文件。这里选择 bird2.png 文件。当完成操作之后，Qt Creator 如图 5-6 所示。

接下来，还可以添加其他前缀或者其他文件，这取决于用户的需要。当添加完成之后，可以像第 4 章讲解的那样，通过使用“:开头的路径”的方式来找到这个文件。比如，前缀名

是 /images，文件名是 bird2.png，那么可以使用“:/images/bird2.png”找到这个文件。

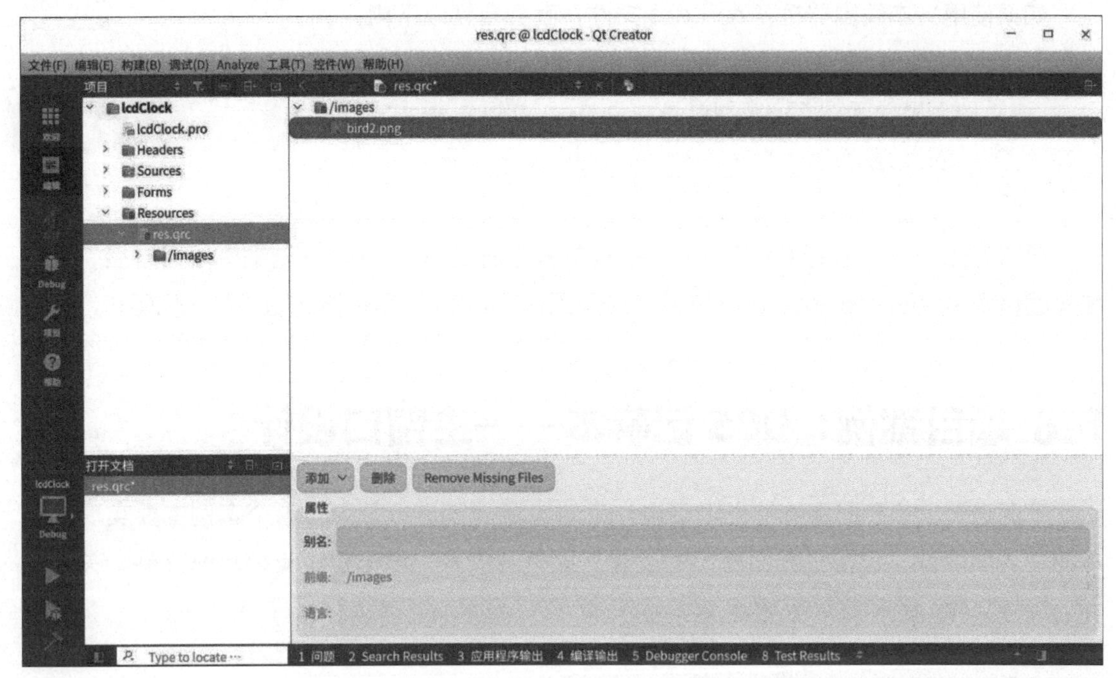

图 5-6　添加资源文件

这么做带来的一个问题是，如果以后要更改文件名，比如将 bird2.png 改成 b2.png，那么所有使用了这个名字的路径都需要修改。更好的办法是，给这个文件取一个“别名”，以后就以这个别名来引用这个文件。具体做法是，选中这个文件，添加别名信息，如图 5-7 所示。

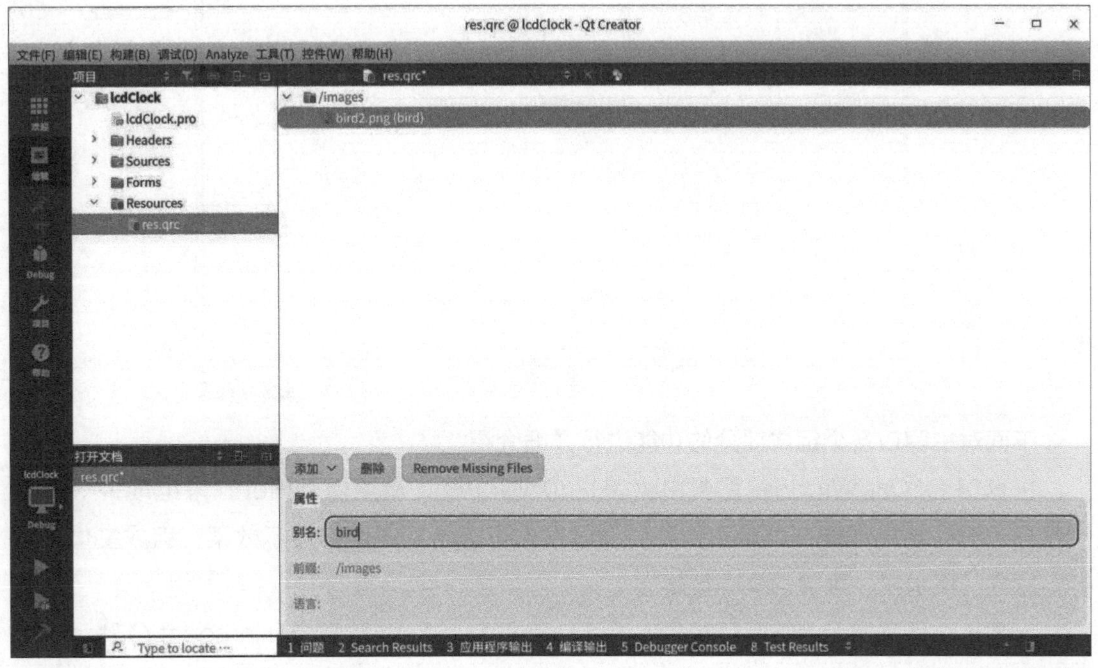

图 5-7　给资源文件添加别名

这样可以直接使用“:/images/bird”引用这个资源，无须关心图片的真实文件名。

如果使用文本编辑器打开 res.qrc 文件，就会看到以下内容。

```
<RCC>
    <qresource prefix="/images">
        <file alias="bird">bird2.png</file>
    </qresource>
</RCC>
```

可以对比一下，看看 Qt Creator 生成的是怎样的 .qrc 文件。当编译项目之后，可以在构建目录中找到 qrc_res.cpp 文件，这是因为 Qt 将源代码编译成了 C++ 代码。

5.8 项目案例：UOS 记事本——主窗口设计

下面通过 UOS 记事本的主窗口设计来对本章内容进行复习。这个案例主要实现记事本的主界面设计，包括主界面窗口的设计、菜单的加入，该记事本支持打开文件、关闭文件、保存文件、另存文件等功能。

5.8.1 主窗口设计和功能介绍

主窗口效果如图 5-8 所示，主要涉及标题栏、菜单栏和文本编辑区的制作。

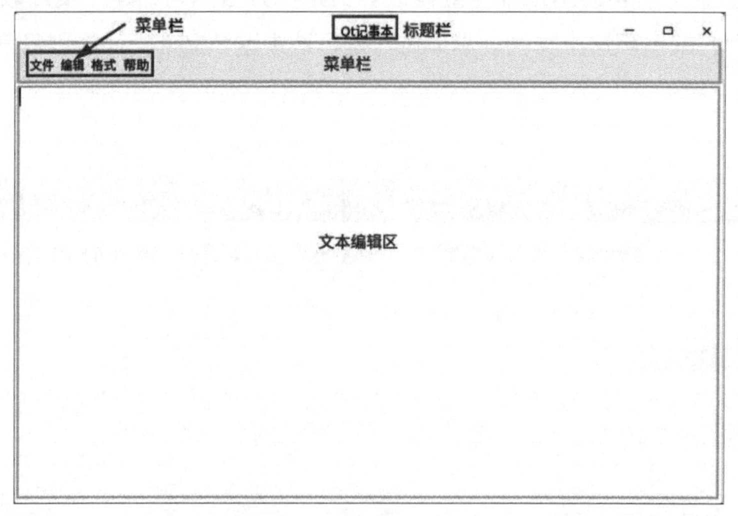

图 5-8　主窗口效果

下面对主窗口各个组成部分的功能进行详细介绍。

主窗口 QMainWindow 需要由菜单栏 QMenuBar 及菜单 QMenu 来组成，一般应用程序的所有功能都能在菜单中找到。通过图例可以看到主窗口展示效果，组成主体主要有标题栏、菜单栏、菜单、文本编辑区。

标题栏：用来展示当前窗口的名字，可以通过 void setWindowTitle(const QString &) 函数来完成对应标题的自定义设置。

菜单栏：QMenuBar 代表的是窗口最上方的一条菜单栏，它的功能可以理解为一个容器，用来存储菜单的容器。它的创建方式也比较简单，直接通过 QMainWindow 提供的函数 QMenuBar(QWidget*parent = nullptr) 就可以得到，该函数返回窗口的菜单栏，如果没有菜单栏则会新创建一个。菜单栏可视为一个菜单容器，可以通过 QAction* addMenu(QMenu *menu) 往容器中添加菜单。

菜单：菜单栏上的菜单项 QMenu，多用于添加相应的动作 QAction，通过信号与对应槽的绑定来完成相应的操作。当然，菜单也可以用于其他地方，如上下文菜单等。菜单的创建也比较简单，使用 new QMenu(codec->toUnicode("xxx")) 就可以完成。用户可以通过 void addAction(QAction *action) 函数给菜单添加动作。

文本编辑区：使用的控件为 QTextEdit，在该区域可以完成文档编辑的所有操作，例如剪切、复制、粘贴、撤销、删除等。

5.8.2 主窗口主要实现代码

通过向导创建一个基于 MainWindow 的项目后，编辑“MainWindow.h”中的代码，如下所示。

```
class MainWindow : public QMainWindow
{
    Q_OBJECT

public:
    MainWindow(QWidget *parent = Q_NULLPTR);
    ~MainWindow();

private:
    QTextCodec * codec;     // 处理中文
    QString currentFile;    // 当前文件名
    QMenuBar * mainMenu;    // 主菜单
    QMenu * fileMenu;       // “文件”菜单
    QMenu * editMenu;       // “编辑”菜单
    QMenu * formatMenu;     // “格式”菜单
    QMenu * helpMenu;       // “帮助”菜单
    QTextEdit * textEdit;   // 编辑窗口
};
```

编辑“MainWindow.cpp”中的代码，如下所示。

```
#include "mainwindow.h"

MainWindow::MainWindow(QWidget *parent)
    : QMainWindow(parent)
{
    setUI();
}
void MainWindow::setUI(){
    codec = QTextCodec::codecForName("utf-8");
```

```
//设置窗口大小以及初始位置
this->setGeometry(200,200,800,500);
//设置窗口名称
this->setWindowTitle(codec->toUnicode("Qt记事本"));
//创建菜单
mainMenu = new QMenuBar();

//“文件”菜单
fileMenu = new QMenu(codec->toUnicode("文件"));
//加入主菜单中
mainMenu->addMenu(fileMenu);
//“新建”动作
newAction = new QAction(codec->toUnicode("新建"));
newAction->setShortcut(QKeySequence(Qt::CTRL+Qt::Key_N));
fileMenu->addAction(newAction);
//“打开”动作
openAction = new QAction(codec->toUnicode("打开"));
//设置快捷键
openAction->setShortcut(tr("Ctrl+O"));
//将“打开”动作添加到菜单中
fileMenu->addAction(openAction);
//“保存”动作
saveAction = new QAction(codec->toUnicode("保存"));
saveAction->setShortcut(tr("Ctrl+S"));
fileMenu->addAction(saveAction);
//“另存为”动作
saveAsAction = new QAction(codec->toUnicode("另存为"));
saveAsAction->setShortcut(tr("Ctrl+Shift+S"));
fileMenu->addAction(saveAsAction);

//“编辑”菜单
editMenu = new QMenu(codec->toUnicode("编辑"));
mainMenu->addMenu(editMenu);
//“剪切”动作
cutAction = new QAction(codec->toUnicode("剪切"));
cutAction->setShortcut(tr("Ctrl+X"));
editMenu->addAction(cutAction);
//“复制”动作
copyAction = new QAction(codec->toUnicode("复制"));
copyAction->setShortcut(QKeySequence(Qt::CTRL+Qt::Key_C));
editMenu->addAction(copyAction);
//“粘贴”动作
pasteAction = new QAction(codec->toUnicode("粘贴"));
pasteAction->setShortcut(QKeySequence(Qt::CTRL+Qt::Key_V));
editMenu->addAction(pasteAction);

//“格式”菜单
formatMenu = new QMenu(codec->toUnicode("格式"));
mainMenu->addMenu(formatMenu);
//“字体”动作
fontAction = new QAction(codec->toUnicode("字体"));
formatMenu->addAction(fontAction);
//“颜色”动作
colorAction = new QAction(codec->toUnicode("颜色"));
```

```
    formatMenu->addAction(colorAction);

    //“帮助”菜单
    helpMenu = new QMenu(codec->toUnicode("帮助"));
    helpMenu->setStyleSheet("color:blue");
    mainMenu->addMenu(helpMenu);
    aboutAction = new QAction(codec->toUnicode("关于"));
    aboutAction->setShortcut(tr("Ctrl+H"));
    helpMenu->addAction(aboutAction);

    //主菜单添加至窗口
    this->setMenuBar(mainMenu);
    //文本编辑
    textEdit = new QTextEdit();
    //将文本编辑器添加至窗口
    this->setCentralWidget(textEdit);

    //连接信号与槽
    connect(newAction,SIGNAL(triggered()),this,SLOT(NewFile()));
    connect(openAction,SIGNAL(triggered()),this,SLOT(OpenFile()));
    connect(saveAction,SIGNAL(triggered()),this,SLOT(SaveFile()));
    connect(saveAsAction,SIGNAL(triggered()),this,SLOT(SaveAsFile()));
    connect(cutAction,SIGNAL(triggered()),this,SLOT(cut()));
    connect(copyAction,SIGNAL(triggered()),this,SLOT(copy()));
    connect(pasteAction, SIGNAL(triggered()), this, SLOT(paste()));
    connect(fontAction, SIGNAL(triggered()), this, SLOT(SetFont()));
    connect(colorAction, SIGNAL(triggered()), this, SLOT(SetColor()));
    connect(aboutAction, SIGNAL(triggered()), this, SLOT(About()));
}
```

这个记事本的代码比较简单，建议读者自己动手编写一次，以便掌握本章内容。

本章主要介绍了 Qt 的菜单栏、工具栏、状态栏、Dock 部件、核心部件以及资源文件等内容，涉及界面的主要操作。

第 6 章 Qt 对话框

在图形用户界面（GUI）中，对话框是一种特殊的视窗，用来向用户显示信息，或者在需要的时候获得用户的输入响应。之所以称为“对话框”，是因为它使计算机和用户之间构成了一个对话——或者是通知用户一些信息，或者是请求用户的输入，或者两者皆有。

对话框是 GUI 程序中不可或缺的组成部分。很多不能或者不适合放入主窗口的功能组件都可以放在对话框中。对话框通常是顶层窗口，出现在程序最上层，用于实现短期任务或者简洁的用户交互。

【目标任务】

掌握 Qt Creator 对话框的使用。

【知识点】

- 标准对话框。
- 消息对话框。
- 自定义对话框。
- 标准文件对话框。
- 字体和颜色对话框。

【项目实践】

UOS 记事本：打开字体和颜色选择对话框。

6.1 标准对话框

标准对话框是 Qt 内置的一系列对话框，用于简化开发。事实上，有很多对话框都是通用的，比如打开文件、设置颜色、打印设置等。这些对话框在所有程序中几乎相同，因此没有必要在每一个程序中都单独实现这样一个对话框。

Qt 的内置对话框大致分为以下几类。

- QColorDialog：选择颜色。
- QFileDialog：选择文件或者目录。
- QFontDialog：选择字体。
- QInputDialog：允许用户输入一个值，并将其值返回。
- QMessageBox：消息对话框，用于显示信息、询问问题等。
- QPageSetupDialog：为打印机提供纸张相关的选项。
- QPrintDialog：打印机配置。
- QPrintPreviewDialog：打印预览。
- QProgressDialog：显示操作过程。

以颜色对话框为例，说明标准对话框的使用，示例代码如下。

```
//颜色对话框
#include <QColorDialog>
QColorDialog dlg(this);
dlg.setWindowTitle("color editor");
if (dlg.exec() == QColorDialog::Accepted)
{
    QColor color = dlg.selectedColor();
    qDebug() << color;
    qDebug() << color.red();
    qDebug() << color.green();
    qDebug() << color.blue();
}
```

6.2 消息对话框

消息对话框 QMessageBox 是应用程序中常用的界面元素，常用于给用户提供消息提示和强制用户进行某些操作，参考代码如下。

```
QMessageBox msg(this);//对话框设置父组件
msg.setWindowTitle("Window Title");//对话框标题
msg.setText("This is a message dialog!");//对话框提示文本
msg.setIcon(QMessageBox::Information);//设置图标类型
//对话框上包含的按钮
msg.setStandardButtons(QMessageBox::Ok | QMessageBox:: Cancel |
        QMessageBox::YesToAll);
```

```
if(msg.exec() == QMessageBox::Ok)// 模态调用
{
    qDebug() << " Ok is clicked!";// 数据处理
}
```

也可以使用 QMessageBox 提供的几个静态成员函数得到相同的结果。

```
QMessageBox::question(this,"question","This is a question Dialog!",QMessageBox::Ok |
                      QMessageBox::Cancel,QMessageBox::Cancel);

QMessageBox::information(this,"information","This is a information Dialog!",
                         QMessageBox::Ok | QMessageBox::Cancel,QMessageBox::Cancel);

QMessageBox::warning(this,"warning","This is a warning Dialog!",QMessageBox::Ok |
                     QMessageBox::Cancel,QMessageBox::Cancel);

QMessageBox::critical(this,"critical","This is a critical Dialog!",QMessageBox::Ok |
                      QMessageBox::Cancel,QMessageBox::Cancel);

QMessageBox::about(this,"about","This is a about Dialog!");
```

5 个类型分别表示提问型、提示型、警告型、错误型和相关型。

除了相关型只有 3 个参数和返回 void 外，其他类型的每个函数都有 5 个参数并带有一个返回标准按钮 StandardButton 类型的返回值。

6.3 自定义对话框

Qt 中使用 QDialog 类实现对话框。就像主窗口一样，通常会设计一个类继承 QDialog。

QDialog（及其子类，以及所有 Qt::Dialog 类型的类）对于其 parent 指针都有额外的解释：如果 parent 为 NULL，则该对话框会作为一个顶层窗口，否则作为其父组件的子对话框（此时，其默认出现的位置是 parent 的中心）。顶层窗口与非顶层窗口的区别在于，顶层窗口在任务栏会有自己的位置，而非顶层窗口则会共享其父组件的位置。

对话框分为模态对话框和非模态对话框。模态对话框，就是会阻塞同一应用程序中其他窗口的输入。模态对话框很常见，比如打开文件功能。读者可以尝试一下记事本的打开文件功能，当“打开文件”对话框出现时，是不能对除此对话框之外的窗口部分进行操作的。与此相反的是非模态对话框，例如“查找”对话框，可以在显示“查找”对话框的同时，继续对记事本的内容进行编辑。

Qt 支持模态对话框和非模态对话框。模态对话框与非模态对话框的实现如下。

- QDialog::exec()：实现应用程序级别的模态对话框。
- QDialog::open()：实现窗口级别的模态对话框。
- QDialog::show()：实现非模态对话框。

Qt 有两种级别的模态对话框。

- 应用程序级别：当该种模态对话框出现时，用户必须首先与对话框进行交互，直到关闭对话框，然后才能访问程序中的其他窗口。
- 窗口级别：该种模态对话框仅仅阻塞与对话框关联的窗口，但是依然允许用户与程序中的其他窗口交互。窗口级别的模态对话框尤其适用于多窗口模式。

一般默认是应用程序级别的模态。

在下面的示例中，调用了 exec() 函数将对话框显示出来，因此这是一个模态对话框。当对话框出现时，不能与主窗口进行任何交互，直到关闭该对话框。

```
QDialog dialog;
dialog.setWindowTitle(tr("Hello, dialog!"));
dialog.exec();
```

下面试着将 exec() 函数修改为 show() 函数，看看非模态对话框。

```
QDialog dialog(this);
dialog.setWindowTitle(tr("Hello, dialog!"));
dialog.show();
```

执行后对话框一闪而过。这是因为 show() 函数不会阻塞当前线程，对话框会显示出来，然后函数立即返回，代码继续执行。注意，dialog 是建立在栈上的，show() 函数返回，MainWindow::open() 函数结束，dialog 超出作用域被析构，因此对话框消失了。将 dialog 改成堆上建立，当然就没有这个问题了，代码如下。

```
QDialog *dialog = new QDialog;
dialog->setWindowTitle(tr("Hello, dialog!"));
dialog->show();
```

但仔细分析发现上面的代码是有问题的：dialog 存在内存泄漏！ dialog 使用 new 在堆上分配空间，却一直没有被删除。解决方案是将 MainWindow 的指针赋给 dialog。由于 QWidget 的 parent 必须是 QWidget 指针，因此限制了不能将一个普通的 C++ 类指针传给 Qt 对话框。另外，如果对内存占用有严格限制，当将主窗口作为 parent 时，主窗口不关闭，对话框就不会被销毁，所以会一直占用内存。在这种情景下，可以设置 dialog 的窗体属性，代码如下。

```
QDialog *dialog = new QDialog;
dialog->setAttribute(Qt::WA_DeleteOnClose);
dialog->setWindowTitle(tr("Hello, dialog!"));
dialog->show();
```

使用 setAttribute() 函数设置对话框关闭时，将自动销毁对话框。

6.4 标准文件对话框

QFileDialog，也就是文件对话框。本节将尝试编写一个简单的文本文件编辑器，使用 QFileDialog 来打开一个文本文件，并将修改过的文件进行保存。首先，需要创建一个带有文本编辑功能的窗口。借用前面的程序代码，应该可以很方便地完成，具体代码如下。

```
openAction = new QAction(QIcon(":/images/file-open"),tr("&Open..."), this);
openAction->setStatusTip(tr("Open an existing file"));

saveAction = new QAction(QIcon(":/images/file-save"), tr("&Save..."), this);
saveAction->setStatusTip(tr("Save a new file"));

QMenu *file = menuBar()->addMenu(tr("&File"));
file->addAction(openAction);
file->addAction(saveAction);

QToolBar *toolBar = addToolBar(tr("&File"));
toolBar->addAction(openAction);
toolBar->addAction(saveAction);

textEdit = new QTextEdit(this);
setCentralWidget(textEdit);
```

在菜单和工具栏添加了两个动作：打开和保存。接下来是一个 QTextEdit 类，这个类用于显示富文本文件。也就是说，它不仅可以显示文本，还可以显示图片、表格等。不过，现在只用它显示纯文本文件。QMainWindow 有一个 setCentralWidget() 函数，使用这个函数可以将一个组件作为窗口的中心组件，放在窗口中间区域。显然，在一个文本编辑器中，文本编辑区就是这个中心组件，因此将 QTextEdit 作为这种组件。使用 connect() 函数，为这两个 QAction 对象添加相应的动作。

```
connect(openAction, &QAction::triggered, this, &MainWindow::openFile);
connect(saveAction, &QAction::triggered, this, &MainWindow::saveFile);
```

下面是 openFile() 和 saveFile() 这两个函数的代码，分别实现打开文件和保存文件。

```
//打开文件
void MainWindow::openFile()
{
    QString path = QFileDialog::getOpenFileName(this,
                   tr("Open File"), ".", tr("Text Files(*.txt)"));
    if(!path.isEmpty())
      {
        QFile file(path);
        if (!file.open(QIODevice::ReadOnly | QIODevice::Text))
            {
            QMessageBox::warning(this, tr("Read File"),
                                tr("Cannot open file:\n%1").arg(path));
            return;
            }
        QTextStream in(&file);
        textEdit->setText(in.readAll());
        file.close();
        }
```

```
        else
        {
          QMessageBox::warning(this, tr("Path"),
                              tr("You did not select any file."));
        }
    }

    //保存文件
    void MainWindow::saveFile()
    {
        QString path = QFileDialog::getSaveFileName(this,
                    tr("Open File"), ".", tr("Text Files(*.txt)"));
        if(!path.isEmpty())
          {
            QFile file(path);
            if (!file.open(QIODevice::WriteOnly | QIODevice::Text))
                {
                QMessageBox::warning(this, tr("Write File"),
                                    tr("Cannot open file:\n%1").arg(path));
                return;
                }
            QTextStream out(&file);
            out << textEdit->toPlainText();
            file.close();
          }
        else
          {
            QMessageBox::warning(this, tr("Path"),
                              tr("You did not select any file."));
          }
    }
```

在 openFile() 函数中，使用 QFileDialog::getOpenFileName() 来获取需要打开的文件的路径。这个函数原型如下。

```
QString getOpenFileName(QWidget * parent = 0,
                        const QString & caption = QString(),
                        const QString & dir = QString(),
                        const QString & filter = QString(),
                        QString * selectedFilter = 0,
                        Options options = 0)
```

不过注意，它的所有参数都是可选的，因此在一定程度上来说，这个函数也是相对简单的。其参数分别介绍如下。

（1）parent：父窗口。Qt 的标准对话框提供静态函数，用于返回一个模态对话框。

（2）caption：对话框标题。

（3）dir：对话框打开时的默认目录。

- .：程序运行目录。

- /：当前盘符的根目录（特指 Windows 平台；Linux 平台当然就是根目录），这个参数也可以是平台相关的，比如“C:\”等。

（4）filter：过滤器。使用文件对话框可以浏览很多类型的文件，但是，很多时候仅希望打开特定类型的文件。比如，文本编辑器希望打开文本文件，图片浏览器希望打开图片文件。过滤器就是用于过滤特定的扩展名的。如果使用“Image Files(*.jpg   .png)”，则只能显示扩展名是 .jpg 或者 .png 的文件。如果需要多个过滤器，使用“;;”分隔，比如“JPEG Files(.jpg);;PNG Files(*.png)”。

（5）selectedFilter：默认选择的过滤器。

（6）options：对话框的一些参数设定。比如只显示文件夹等，它的取值是 enum QFileDialog::Option，每个选项可以使用“|”运算组合起来。

QFileDialog::getOpenFileName() 返回值是选择的文件路径，将其赋值给 path。通过判断 path 是否为空，可以确定用户是否选择了某一文件。只有当用户选择了一个文件时，才执行下面的操作。

在 saveFile() 函数中使用的 QFileDialog::getSaveFileName() 也是类似的。使用这种静态函数，在 Windows、macOS 上面都是直接调用本地对话框，但是在 Linux 上则是 QFileDialog 自己的模拟。这意味着，如果不使用这些静态函数，而是直接使用 QFileDialog 进行设置，那么得到的对话框很可能与系统对话框的外观不一致。这一点需要注意。

6.5 项目案例：UOS 记事本——打开字体和颜色选择对话框

下面通过 UOS 记事本中打开字体和颜色选择对话框的案例来巩固对本章内容的学习。这个案例主要实现字体设置和颜色设置。

6.5.1 字体选择对话框

1. 字体选择对话框的效果

图 6-1 和图 6-2 是字体选择对话框的相关页面效果，其中主要包括字体（Font，如 Noto Sans CJK SC、Noto Sans CJK KR Bold 等）、字形（Font Style，如 Regular、Bold）和字号（Size）、字体效果（Effects，如 Strikeout、Underline）等。如果字体设置错误，会弹出图 6-3 的提示。

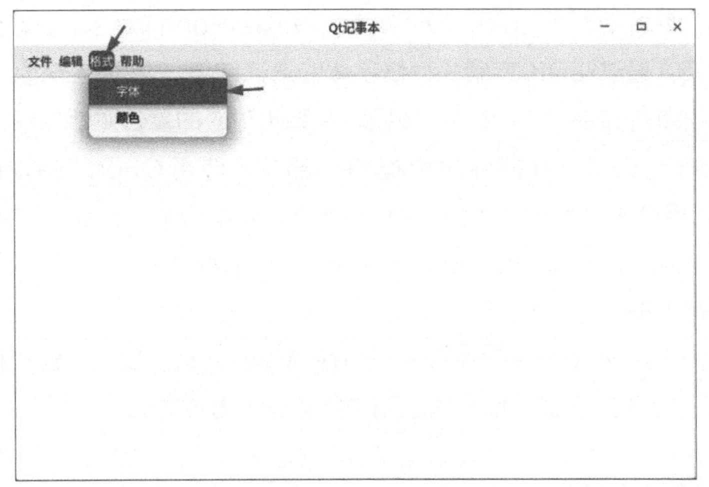

图 6-1 通过菜单打开字体选择对话框

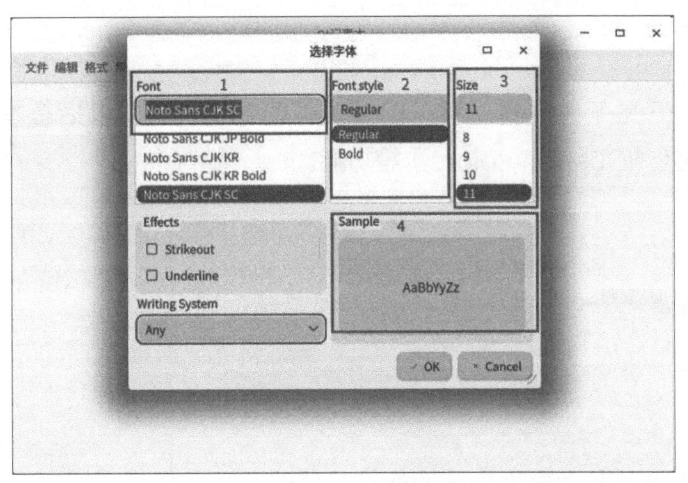

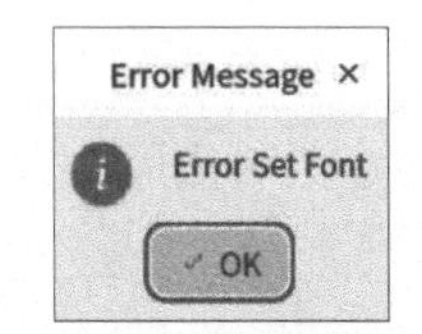

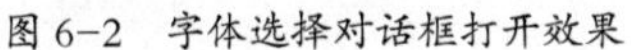

图 6-2 字体选择对话框打开效果 图 6-3 字体设置错误

2. 核心代码

下面是字体选择对话框的核心代码。

```
void MainWindow::SetFont()
{
    bool isOK;
    QFont font = QFontDialog::getFont(&isOK,textEdit->font(),this,
                                      codec->toUnicode(" 选择字体 "));
    if(isOK)
    {
        // 设置字体
        textEdit->setFont(font);
    }
    else
      {
          QMessageBox::information(this,"Error Message","Error Set Font");
          return;
      }
}
```

对上述核心代码的说明如下。

字体菜单项关联的函数为 void MainWindow::SetFont()，这个函数实现关于字体选择的相关业务逻辑，通过 isOK 变量来存储字体的选择结果。如果单击“OK”按钮，则完成对应设置；如果单击的是“Cancel”按钮，则弹出对应的警告对话框给出相应提示。

QFontDialog 是 QDialog 控件对话框的一部分，使用 QFontDialog 类的静态方法 getFont() 可以让用户从字体选择对话框中选择所显示文本的字体、字形、字号、字体效果。

“textEdit->setFont(font);”表示在字体选择对话框中单击了“OK”按钮，将当前的文本的字体设置为选中的字体。

“QMessageBox::information(this,"Error Message","Error Set Font");” 表示弹出图 6-3 所示的警告对话框，用于提示用户字体未设置成功。

6.5.2 颜色选择对话框

1. 颜色选择对话框的效果

图 6-4、图 6-5 和图 6-6 是颜色选择对话框的相关页面效果，主要包括基本颜色（Basic colors）和自定义颜色（Custom colors）等功能。

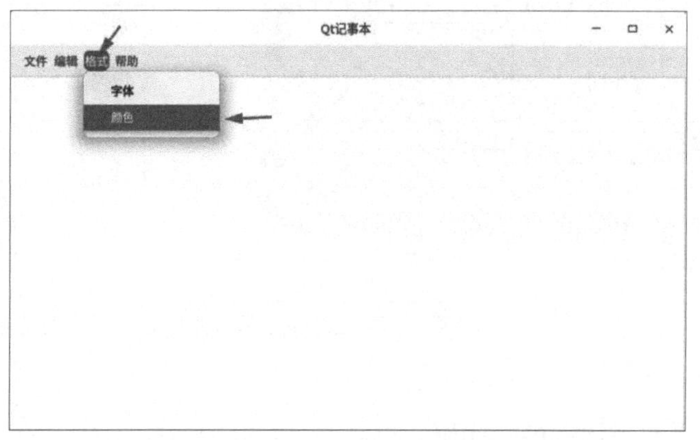

图 6-4　通过菜单打开颜色选择对话框

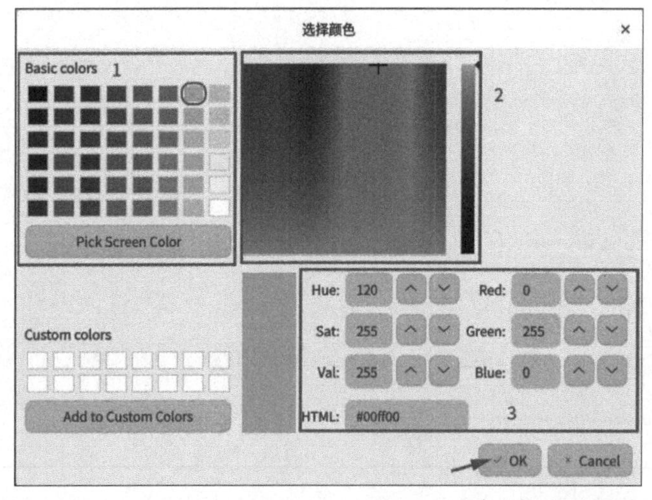

图 6-5　颜色选择对话框效果

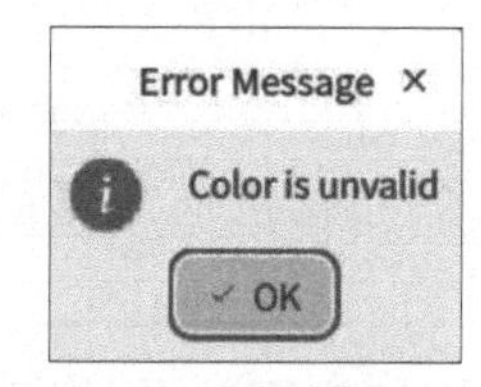

图 6-6　颜色选择无效

2. 核心代码

```
void MainWindow::SetColor()
{
    QColor color = QColorDialog::getColor(Qt::green,this,codec->toUnicode("选择颜色"));
    if(color.isValid())
    {
        //设置颜色
        textEdit->setTextColor(color);
    }
    else
    {
        QMessageBox::information(this,"Error Message","Color is unvalid");
    }
}
```

对上述核心代码的说明如下。

颜色菜单项关联的函数为void MainWindow::SetColor()，这个函数实现关于颜色选择的相关业务逻辑。首先弹出颜色选择对话框，进行颜色选择，选择完毕后，如果单击的“OK”按钮，则完成对应设置，如果单击的是“Cancel”按钮，同样弹出对应的警告对话框给出相应提示。

颜色选择对话框的函数原型如下。

```
QColor QColorDialog::getColor(const QColor &initial = Qt::white,
                              QWidget *parent = Q_NULLPTR,
                              const QString &title = QString(),
                              ColorDialogOptions options = ColorDialogOptions())
```

该函数为静态函数，以title为对话框标题，以initial为初始颜色，弹出一个模态的颜色选择对话框，让用户选择一种颜色，若单击“OK”按钮，则返回该颜色，若单击“Cancel”按钮或关闭对话框，则返回QColor(Invalid)。

“textEdit->setTextColor(color);”表示在颜色选择对话框中单击了“OK”按钮，将当前的颜色设置为选中的颜色。

“QMessageBox::information(this,"Error Message","Color is unvalid");”表示弹出图6-6所示的警告对话框，用于提示用户颜色未设置成功。

第 7 章 Qt 常用控件

Qt Creator 为应用程序界面开发提供了一系列的控件，所有控件的使用方法都可以通过帮助文档获取。Qt Creator 中有各种各样的控件，本章只介绍一些常用控件，包括 QPushButton、QLabel、QLineEdit、QCheckBox、QRadioButton、QListView、QComboBox 和自定义控件等。

【目标任务】

熟悉并掌握 Qt Creator 中常用控件和自定义控件。

【知识点】

Qt Creator 的 QPushButton、QLabel、QLineEdit、QCheckBox、QRadioButton、QListView、QComboBox 和自定义控件的用途和使用方法。

【项目实践】

- 显示文字和图片：使用 QLabel 控件显示文字和图片。
- 显示动画：使用 QLabel 显示动画。
- UOS 计算器：可进行简单的四则运算。
- 缩略图显示：显示图片的缩略图。
- UOS 联系人的注册窗口布局设计：实现用户名输入、密码输入、注册以及返回等功能。
- 可以控制窗口大小的自定义控件：实现滑动条与微调控件联动。

7.1 QPushButton 按钮控件

按钮或命令按钮可能是任何图形用户界面中最常用的小部件，通过按下（或者单击）按钮来命令计算机执行某个操作或回答问题。典型的按钮有确定、应用、取消、关闭、是、否、帮助等。QPushButton 的一个构造函数如下。

```
QPushButton(const Qlcon &icon, const QString &text,QWidget *parent =Q_NULLPTR);
```

通过该函数可创建一个按钮，同时设置其文本、图标和父类控件。其中 icon 是按钮图标，text 是按钮文本，parent 是父类控件。

QPushButton 的常用方法如下。

- void setFlat(bool)：设置按钮为扁平状。
- bool isFlat()：判断是否为扁平状。
- void setMenu(QMenu *menu)：设置按钮弹出式菜单。

QPushButton 的使用实例如下，其中包括新建按钮、设置按钮图标、移动按钮到指定位置，以及新建菜单、设置菜单对应具体操作等内容。

```
QIcon mt;
mt.addFile(":/image/1234567.jpg"); // 添加图片

// 设置有菜单的按钮
QPushButton * btn1=new QPushButton(this);
btn1->setIcon(mt);                // 添加图标
btn1->setIconSize(btn1->size());
btn1->move(50,50);
QMenu * men=new QMenu;
QAction *acn1=new QAction(" 菜单一 ");
QAction *acn2=new QAction(" 菜单二 ");
men->addAction(acn1);
men->addAction(acn2);
btn1->setMenu(men);

// 将按钮设置为扁平状
QPushButton *btn2=new QPushButton(" 扁平状 ",this);
btn2->setFlat(true);
btn2->move(50,200);

// 给按钮添加背景图片
QPushButton *btn3=new QPushButton(this);
btn3->resize(200,100);
btn3->setStyleSheet("QPushButton{background-image: url(:/image/1234567.jpg)}");
btn3->move(250,150);
```

7.2 QLabel 标签控件

QLabel 标签控件是 Qt 中一个常用的控件，它不仅可以作为一个占位符显示不可编辑的文本或图片（展示 GIF 动画图片），还可以被用作提示标记为其他控件；一些纯文本、超链接或富文本可以显示在 QLabel 标签上。其构造函数如下。

```
QLabel(const QString &text, QWidget *parent = nullptr,
       Qt::WindowFlags f = Qt::WindowFlags());
```

其中，text 是标签文本，parent 是父类控件，f 是窗口属性的设置。

QLabel 的常用函数如下。

- void setIndent(int)：设置文本缩进。
- void setAlignment(Qt::Alignment)：设置对齐方式。
- void setText(const QString&)：设置文本。
- void setPixmap(const QPixmap &)：设置图片。

7.3 项目案例 1：显示文字和图片

QLabel 可以显示普通文本字符串、HTML 格式的字符串（比如一个超链接），也可使用 QLabel 的成员函数 setPixmap() 设置显示的图片。下面通过显示文字和图片的案例来演示 QLabel 的各种用法，案例的最终效果如图 7-1 所示，其中包含超链接“百度一下”，普通文本字符串“Hello，World！”，以及显示的一张图片。

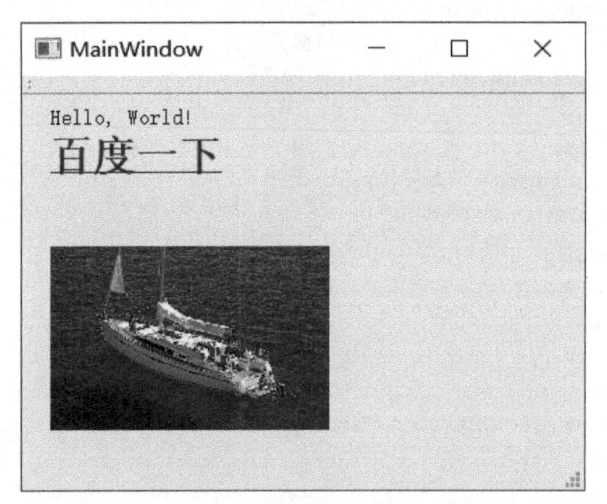

图 7-1　显示文字和图片的效果

该案例的关键代码如下。

```
#include "mainwindow.h"
#include "ui_mainwindow.h"
#include <QLabel>

MainWindow::MainWindow(QWidget *parent) :
    QMainWindow(parent),
    ui(new Ui::MainWindow)
{
    ui->setupUi(this);
```

```
    //显示文字
    QLabel *label1 = new QLabel(this);
    label1->setGeometry(20,20,100,20);
    label1->setText("Hello, World!");

    //显示超链接
    QLabel * label2 = new QLabel(this);
    label2->setGeometry(20,40,200,40);
    label2 ->setText("<h1><a href=\"https://www.baidu.com\">百度一下</a></h1>");
    label2 ->setOpenExternalLinks(true);

    //显示图片
    //首先定义 QPixmap 对象
    QPixmap pixmap;
    //然后加载图片
    pixmap.load(":imgs/boat.png");
    //缩放图片到合适大小
    pixmap=pixmap.scaled(200,200,Qt::KeepAspectRatio,Qt::FastTransformation);
    //最后将图片设置到 QLabel 中
    QLabel *label3 = new QLabel(this);
    label3->setGeometry(20,90,200,200);
    label3->setPixmap(pixmap);
}
```

其中，setOpenExternalLinks() 函数用来设置用户单击超链接之后是否自动打开超链接，如果参数指定为 true 则会自动打开。

7.4 项目案例 2：显示动画

使用 QLabel 的成员函数 setMovie() 可以加载动画，播放 GIF 格式的文件。QLabel 显示动画的效果如图 7-2 所示。

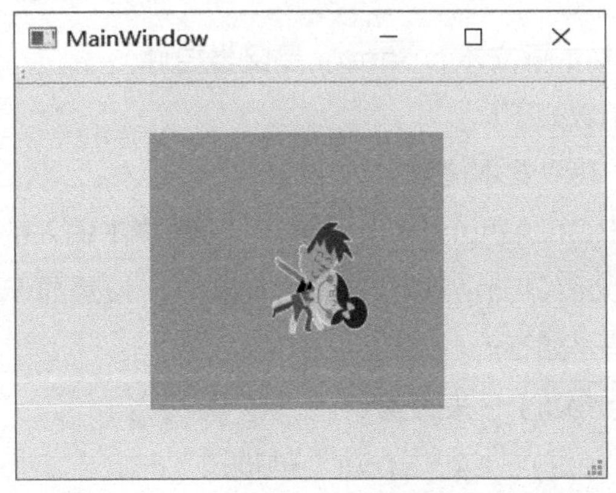

图 7-2 显示动画效果

案例的关键代码如下。

```
#include "mainwindow.h"
#include "ui_mainwindow.h"
#include <QLabel>
#include <QMovie>

MainWindow::MainWindow(QWidget *parent) :
    QMainWindow(parent),
    ui(new Ui::MainWindow)
{
    ui->setupUi(this);

    // 首先定义 QMovie 对象，并初始化
    QMovie *movie = new QMovie(":imgs/dance.gif");
    // 缩放到与 label 相同的大小
    movie->setScaledSize(QSize(200,200));
    // 播放加载的动画
    movie->start();
    // 将动画设置到 QLabel 中
    QLabel *label = new QLabel(this);
    label->setGeometry(90,50,200,200);
    label->setMovie(movie);
}
```

在上述代码中，首先创建一个 QMovie 对象 movie，并加载一张 GIF 动画。然后使用 setScaledSize(QSize(200,200)) 将 movie 缩放到与 label 相同的大小。最后调用 start() 来播放动画。label->setMovie(movie) 表示加载的动画 label 使用 setMovie(movie) 显示已经加载的动画。

7.5 QLineEdit 文本框控件

QLineEdit 是单行文本框控件，用户名、密码等文本框都可以使用该控件。其构造函数如下。

```
QLineEdit(const QString&contents,QWidget *parent=Q_NULLPTR);
```

其中，contents 是文本框文本，parent 是父类控件。

QLineEdit 的常用函数如下。

- QString text()：获取文本信息。
- void setAlignent(Qt::ALignment flag)：设置文本输入的位置。
- void setEchoMode(QLineEdit::EchoMode)：设置显示模式。

QLineEdit 的常用信号如下。

- void editingFinished()：失去焦点。
- void returnPressed()：当“Enter”键被按下时。
- void selectionChanged()：选择的文本发生变化时。

- void textChanged(const QString &text)：当文本有变化时。
- void textEdited(const QString &text)：当文本被编辑时。

下面的代码实现一个输入用户名称和密码的登录页面，其中用户名称默认提示为“用户名”，密码输入后设置显示为圆点。另外有一个文本框用来输入整型数据。

```
QLineEdit *userName=new QLineEdit(this);
userName->setPlaceholderText("用户名");    //设置默认提示
userName->setVisible(true); //设置为 false 时，控件不被使用即消失
userName->setReadOnly(true);// 设置只读模式

QLineEdit *passwd=new QLineEdit(this);
passwd->setPlaceholderText("密码");
//将 echoMode 属性设置成 Password 字样，输入的字符都以圆点显示
passwd->setEchoMode(QLineEdit::Password);
passwd->move(0,20);

QLineEdit *text=new QLineEdit(this);
text->setPlaceholderText("只能写整型数据");
//设置过滤器，只能为整型数据，参数说明依次为最小值、最大值、父控件
text->setValidator(new QIntValidator(100,999,this));
text->move(0,40);

connect(text,&QLineEdit::textChanged,this,[=](){
    qDebug()<<text->text();
});
```

7.6 QCheckBox 多选框控件

QCheckBox 多选框（或复选框）控件是一种可同时选中多项的基础控件，其构造函数如下。

```
QCheckBox(const QString &text,QWidget *parent=Q_NULLPTR)
```

QCheckBox 的常用函数如下。

- bool isChecked()：判断是否被选中。
- void setChecked(bool)：设置初始选中状态。

QCheckBox 的常用信号为 void stateChanged(int state)，表示当 checkBox 的状态发生改变时。

下面的代码表示一个三态复选框，其中 3 种状态分别为：选中、未选中和半选状态，并将其状态在 QLabel 上显示出来，具体代码如下。

```
Widget::Widget(QWidget *parent)
    : QWidget(parent)
{
    QCheckBox *che=new QCheckBox("三态复选框",this);
```

```
    che->move(50,50);
    state_lab=new QLabel(this);
    state_lab->move(60,80);
    state_lab->setText("状态");
    che->setTristate(); //开启三态模式，不开启则只有两种
    connect(che,SIGNAL(stateChanged(int)),this,SLOT(onStateChanged(int)));
}
void widget::onStateChanged(int state)
{
    if(state==Qt::Checked)
    {
     state_lab->setText("选中");
    }
    if(state==Qt::PartiallyChecked)
    {
     state_lab->setText("半选");
    }
    if(state==Qt::Unchecked)
    {
     state_lab->setText("未选中");
    }
}
```

7.7 QRadioButton 单选按钮控件

单选按钮用于给用户提供若干选项中的单选操作，当一个被选中时，会自动取消先前选中的按钮（如果只有一个，可以通过单击该按钮改变其状态；如果存在多个按钮，单击选中的按钮无法改变其状态）。

单选按钮左侧会有一个圆形的图标来表示按钮是否被选中，其构造函数的创建方法和 QPushButton 按钮的创建方式是一样的。其构造函数如下。

```
QRadioButton *rb_1 = new QRadioButton('Yes',window);
rb_1->move(100,200);
QRadioButton *rb_2 = new QRadioButton('No',window);
rb_2->move(100,220);
```

单选按钮常用信号除了继承的信号外，最常用的信号为状态切换的信号 QRadioButton::toggled()。

一般在按钮状态切换时候会发送信号，并传送是否被选中的信号，具体代码如下。

```
void radioBtnSlot()
{
        if (rb_1->isChecked())
        {
                qDebug() << "radio button 1 is checked!";
        }
        else
```

```
        {
            qDebug() << "radio button 1 is unchecked!";
        }

    }
    connect(rb_1, SIGNAL(toggled(bool)), this, SLOT(radioBtnSlot()));
```

还有一点要注意的是，这个 toggled() 表示的是状态改变，而不是按钮被单击，区别就是在单击按钮 1 时按钮 2 的状态也会改变，信号也会被发送。

在一个父控件内按钮是可以互斥的，但是如果存在多组的互斥怎么办？可建立按钮组，并将按钮存放在组内。QButtonGroup 提供了一个抽象的按钮容器，可以将按钮划分为一组。QButtonGroup 继承自 QObject，不具备可视化的效果。一般 QButtonGroup 定义的组存放的都是可以被 Checked 的按钮。

```
    QRadioButton *btn_1 = new QRadioButton('male',window);
    QRadioButton *btn_2 = new QRadioButton('female',window);

    btn_1->move(100,50);
    btn_2->move(100,80);

    QRadioButton *btn_3 = new QRadioButton('yes',window);
    QRadioButton *btn_4 = new QRadioButton('no',window);
    btn_3->move(200,50);
    btn_4->move(200,80);

    QButtonGroup *group_sex = new QButtonGroup(this);  //创建按钮组
    group_sex->addButton(btn_1);  //添加按钮
    group_sex->addButton(btn_2);
    group->setExclusive(true);  //设置组内按钮互斥
```

7.8 项目案例 3：UOS 计算器

UOS 计算器的界面如图 7-3 所示。该案例主要有以下两个部分：一是实现计算器的图形界面；二是实现按键事件及其对应的功能绑定，即信号和对应处理的槽函数绑定。

通过分析计算器的功能和图 7-3 所示界面可知，需要 16 个按键和一个显示框，同时考虑到整体的排布，还需要网格布局器和垂直布局器。通过组织相应的类可以实现一个简单的带有数字 0 ~ 9，可以进行简单四则运算且有清屏功能的计算器。对于相应的类，在后面的代码中详细说明。

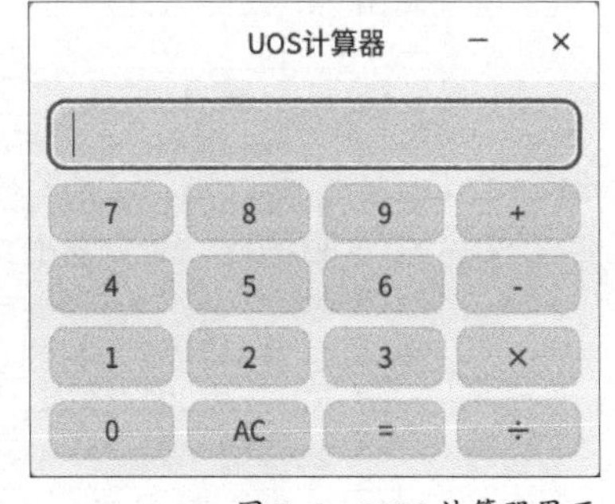

图 7-3　UOS 计算器界面

分析计算器的按键，可以把按键事件分为以下 3 类：一是简单的数字按键 0 ~ 9；二是运算操作键，用于输入数学运算符号，进行数学运算和结果显示，这类按键包括“+”“-”“*”“÷”“=”；三是清屏操作键，用于显示框内显示信息的清除。

下面分别对计算器程序源代码包含的文件进行说明，其中，widget.h 为类声明头文件，用于介绍需要的部件、声明信号和槽函数；widget.cpp 为类函数文件，用于初始化部件、实现 connect() 函数、实现槽函数；main.cpp 为程序入口，用于创建定义的对话框等。

对其中 widget.h 源代码的简要说明如下。

```
#ifndef WIDGET_H
#define WIDGET_H
#include <QWidget>//包含主窗体类
#include <QPushButton>//包含按键类
#include <QLineEdit>//包含显示框类
#include <QGridLayout>//包含网格布局器类
#include <QVBoxLayout>//包含垂直布局器类
class Widget : public QWidget
{
      Q_OBJECT

public:
      Widget(QWidget *parent = 0); //计算器类的构造函数
      ~Widget();        //计算器类的析构函数

private:
      QPushButton *pointBtn;  // “.”
      QPushButton *equalBtn;  // “=”

      QVBoxLayout *mainLayout;//声明垂直布局，在该窗口的空间进行排布
      QVBoxLayout *topLayout;//为单行文本框创建垂直布局
      QGridLayout *bottomLayout;//为按键创建网格排列布局

      int calculatorFlag; //定义整数类型变量
      bool equalFlag,pointFlag;// “.”， “=”为布尔类型
      double num1;
      double num2;
      double result;
      QString S;
      char sign;
      int mark;

private slots:          //声明公有槽函数
    void No_0BtnClicked();      //按键 0 的槽函数
    void No_1BtnClicked();      //按键 1 的槽函数
    …                           //按键 2 ~ 7 的槽函数
    void No_8BtnClicked();      //按键 8 的槽函数
    void No_9BtnClicked();      //按键 9 的槽函数
    void addBtnClicked();       //按键 + 的槽函数
    void minusBtnClicked();     //按键 - 的槽函数
    void multiplyBtnClicked();  //按键 × 的槽函数
    void divideBtnClicked();    //按键 ÷ 的槽函数
    void clearBtnClicked();     //清屏按键的槽函数
    void equalBtnClicked();     //按键 = 的槽函数
};

#endif // WIDGET_H
```

widget.h 文件是窗体类的头文件。在创建项目时，选择窗体基类是 QWidget，在 widget.h 中定义了一个继承 QWidget 的类 Widget。

这里先定义一个 Widget 类，主要继承 QWidget 和 Widget，也就是本实例的窗体类，在 Widget 类中使用宏 Q_OBJECT，这是使用 Qt 的信号与槽机制必须加入的宏。先用 public 定义计算器类的构造函数和析构函数，然后用 private 声明界面上的各个组件的指针变量，这些组件都在 Widget 类的构造函数里创建，并在界面上布局，最后用 private slots 声明计算器按键的 16 个槽函数。

对 widget.cpp 源代码的简要说明如下。

```
Widget::Widget(QWidget *parent)
     : QWidget(parent)
{
    num1 = 0.0;
    num2 = 0.0;
    result = 0.0;
    S=' ';
    mark=1;
    setWindowTitle(tr("UOS 计算器 "));        // 设置程序标题
    setMinimumSize(300,200);
    setMaximumSize(300,200);

    displayLineEdit = new QLineEdit();      // 文本输入与显示
    QPushButton *No_0Btn;
    QPushButton *No_1Btn;
    QPushButton *No_2Btn;
    QPushButton *No_3Btn;
    QPushButton *No_4Btn;
    QPushButton *No_5Btn;
    QPushButton *No_6Btn;
    QPushButton *No_7Btn;
    QPushButton *No_8Btn;
    QPushButton *No_9Btn;
    QPushButton *addBtn;
    QPushButton *minusBtn;
    QPushButton *multiplyBtn;
    QPushButton *divideBtn;
    QPushButton *equalBtn;
    QPushButton *clearBtn;
    No_0Btn = new QPushButton(tr("0"));     // 0 ~ 9
    No_1Btn = new QPushButton(tr("1"));
    No_2Btn = new QPushButton(tr("2"));
    No_3Btn = new QPushButton(tr("3"));
    No_4Btn = new QPushButton(tr("4"));
    No_5Btn = new QPushButton(tr("5"));
    No_6Btn = new QPushButton(tr("6"));
    No_7Btn = new QPushButton(tr("7"));
    No_8Btn = new QPushButton(tr("8"));
    No_9Btn = new QPushButton(tr("9"));
    addBtn = new QPushButton(tr("+"));     // +、-、×、÷、AC、=
```

```
    minusBtn = new QPushButton(tr("-"));
    multiplyBtn = new QPushButton(tr("×"));
    divideBtn = new QPushButton(tr("÷"));
    clearBtn = new QPushButton(tr("AC"));
    equalBtn = new QPushButton(tr("="));
    mainLayout = new QVBoxLayout(this);      //创建主布局为垂直布局
    topLayout = new QVBoxLayout();           //为单行文本框创建垂直布局
    bottomLayout = new QGridLayout();        //为按键创建网格排列布局
    mainLayout->addLayout(topLayout);        //添加布局
    mainLayout->addLayout(bottomLayout);
    topLayout->addWidget(displayLineEdit);       //添加 Widget
    bottomLayout->addWidget(No_7Btn,0,0);
    bottomLayout->addWidget(No_8Btn,0,1);
    bottomLayout->addWidget(No_9Btn,0,2);
    bottomLayout->addWidget(addBtn,0,3);
    bottomLayout->addWidget(No_4Btn,1,0);
    bottomLayout->addWidget(No_5Btn,1,1);
    bottomLayout->addWidget(No_6Btn,1,2);
    bottomLayout->addWidget(minusBtn,1,3);
    bottomLayout->addWidget(No_1Btn,2,0);
    bottomLayout->addWidget(No_2Btn,2,1);
    bottomLayout->addWidget(No_3Btn,2,2);
    bottomLayout->addWidget(multiplyBtn,2,3);
    bottomLayout->addWidget(No_0Btn,3,0);
    bottomLayout->addWidget(clearBtn,3,1);
    bottomLayout->addWidget(equalBtn,3,2);
    bottomLayout->addWidget(divideBtn,3,3);
connect(No_0Btn,SIGNAL(clicked(bool)),this,SLOT(No_0BtnClicked()));//按键连接
connect(No_1Btn,SIGNAL(clicked(bool)),this,SLOT(No_1BtnClicked()));
connect(No_2Btn,SIGNAL(clicked(bool)),this,SLOT(No_2BtnClicked()));
connect(No_3Btn,SIGNAL(clicked(bool)),this,SLOT(No_3BtnClicked()));
connect(No_4Btn,SIGNAL(clicked(bool)),this,SLOT(No_4BtnClicked()));
connect(No_5Btn,SIGNAL(clicked(bool)),this,SLOT(No_5BtnClicked()));
connect(No_6Btn,SIGNAL(clicked(bool)),this,SLOT(No_6BtnClicked()));
connect(No_7Btn,SIGNAL(clicked(bool)),this,SLOT(No_7BtnClicked()));
connect(No_8Btn,SIGNAL(clicked(bool)),this,SLOT(No_8BtnClicked()));
connect(No_9Btn,SIGNAL(clicked(bool)),this,SLOT(No_9BtnClicked()));
connect(addBtn,SIGNAL(clicked(bool)),this,SLOT(addBtnClicked()));
connect(minusBtn,SIGNAL(clicked(bool)),this,SLOT(minusBtnClicked()));
connect(multiplyBtn,SIGNAL(clicked(bool)),this,SLOT(multiplyBtnClicked()));
connect(divideBtn,SIGNAL(clicked(bool)),this,SLOT(divideBtnClicked()));
connect(clearBtn,SIGNAL(clicked(bool)),this,SLOT(clearBtnClicked()));
connect(equalBtn,SIGNAL(clicked(bool)),this,SLOT(equalBtnClicked()));
}

Widget::~Widget()
{
}
void Widget::No_0BtnClicked()
{
    S+="0";
    displayLineEdit->setText(S);
```

```
    if(mark==1){
        num1=num1*10;
    }else {
        num2 = num2*10;
    }
}

void Widget::No_1BtnClicked()
{
    S+="1";
    displayLineEdit->setText(S);
    if(mark==1){
        num1=num1*10+1;
    }else {
        num2 = num2*10+2;
      }
}

void Widget::No_2BtnClicked()
{
    S+="2";
    displayLineEdit->setText(S);
    if(mark==1){
        num1=num1*10+2;
    }else {
        num2 = num2*10+2;
    }
}

void Widget::No_3BtnClicked()
{
    S+="3";
    displayLineEdit->setText(S);
    if(mark==1){
        num1=num1*10+3;
    }else {
        num2 = num2*10+3;
    }
}

void Widget::No_4BtnClicked()
{
    S+="4";
    displayLineEdit->setText(S);
    if(mark==1){
        num1=num1*10+4;
    }else {
        num2 = num2*10+4;
    }
}

void Widget::No_5BtnClicked()
```

```
{
    S+="5";
    displayLineEdit->setText(S);
    if(mark==1){
        num1=num1*10+5;
    }else {
        num2 = num2*10+5;
    }
}

void Widget::No_6BtnClicked()
{
    S+="6";
    displayLineEdit->setText(S);
    if(mark==1){
        num1=num1*10+6;
    }else {
        num2 = num2*10+6;
    }
}

void Widget::No_7BtnClicked()
{
    S+="7";
    displayLineEdit->setText(S);
    if(mark==1){
        num1=num1*10+7;
    }else {
        num2 = num2*10+7;
    }
}

void Widget::No_8BtnClicked()
{
    S+="8";
    displayLineEdit->setText(S);
    if(mark==1){
        num1=num1*10+8;
    }else {
        num2 = num2*10+8;
    }
}

void Widget::No_9BtnClicked()
{
    S+="9";
    displayLineEdit->setText(S);
    if(mark==1){
        num1=num1*10+9;
    }else {
        num2 = num2*10+9;
    }
```

```
}

void Widget::addBtnClicked()
{
    S+="+";
    sign='+';
    mark=2;
    displayLineEdit->setText(S);
}

void Widget::minusBtnClicked()
{
    S+="-";
    sign='-';
    mark=2;
    displayLineEdit->setText(S);
}

void Widget::multiplyBtnClicked()
{
    S+="*";
    sign='*';
    mark=2;
    displayLineEdit->setText(S);
}

void Widget::divideBtnClicked()
{
    S+="/";
    sign='/';
    mark=2;
    displayLineEdit->setText(S);
}

void Widget::equalBtnClicked()
{
    S+="=";
    switch (sign){
    case'+':
        result = num1 + num2;
        break;
    case'-':
        result = num1 - num2;
        break;
    case'*':
        result = num1 * num2;
        break;
    case'/':
        result = num1 / num2;
        break;
    default:
        break;
```

```
    }
    S+=QString("%1").arg(result);
    displayLineEdit->setText(S);
}
void Widget::clearBtnClicked()
{
    S="";
    displayLineEdit->setText(S);
    mark=1;
    num1=0.0;
    num2=0.0;
    result=0.0;
}
```

要在 QWidget 构造函数的初始化头文件中创建变量，创建界面，用 QLineEdit（单行文本输入，用于少量交互的地方）创建显示框，用 QPushButton 创建按键。接着初始化声明的部件，并设置按键上实现的标签，用 QVBoxLayout 创建主布局为垂直布局，用 QVBoxLayout 为单行文本框创建垂直布局，用 QGridLayout 为按键创建网格排列布局。

Qt 常用到的布局类有 QHBoxLayout、QVBoxLayout、QGridLayout 这 3 种，分别用于水平布局、垂直布局、网格排列布局（使用时可以嵌套使用），进一步的使用介绍参见第 8 章。

Qt 常用的方法有 addWidget() 和 addLayout()。addWidget() 用于在布局中插入控件，addLayout() 用于在布局中插入子布局。创建完界面，先用 addWidget() 把界面放到 Widget 上，再用 addLayout() 把文本框和按键添加到布局上面。最后用 connect() 函数把用到的信号和槽函数连接起来。connect 的构造函数如下。

```
connect(sender, SIGNAL(signal), receiver, SLOT(slot));
```

最后是析构函数的实现。本案例中析构函数并没有实现，因为根据 Qt 的析构机制，Qt 使用家族树的形式管理对象。当指定了“父窗口”之后，该窗口的析构就由父窗口来接管，Qt 会保证在合适的时候析构该窗口，并且只析构一次。在没有指定父对象的前提下，需要手动析构。在指定父对象时，子对象会随着父对象的销毁而销毁。根据前面对按键事件的分析，我们知道，按键事件有数字按键、运算操作键和清屏操作键。每种事件的槽函数只说明一种，以下依次类推。

7.9 QListView 控件

QListView 控件用来以列表的形式展示数据。在 Qt 中使用模型 / 视图结构来管理数据与视图的关系，模型负责数据的存取，数据的交互通过代理实现。

Qt 提供了一些现成的模型来处理数据项。

- QStringListModel：存储简单的 QString 列表。

- QStandardItemModel：管理复杂的树型结构数据项，每项都可以包含任意数据。
- QDirModel：提供本地文件系统中的文件与目录信息。
- QSqlQueryModel、QSqlTableModel、QSqlRelationTableModel：访问数据库。

一般使用 Qt 自带的模型类 QStandardItemModel 即可。模型中存放的每项数据都有相应的“模型索引”，由 QModelIndex 类来表示。每个索引由 3 个部分构成：行、列和表明所属模型的指针。对于一维的列表模型（list model），列部分永远为 0。QStandardItemModel 的示例代码如下。

```
MainWindow::MainWindow(QWidget *parent) :
    QMainWindow(parent),
    ui(new Ui::MainWindow)
{
    //创建模型类
    QStandardItemModel *ItemModel = new QStandardItemModel(this);
    //向模型类添加数据
    QStringList strList;
    strList.append("A");
    strList.append("B");
    strList.append("C");
    strList.append("D");
    strList.append("E");
    strList.append("F");
    strList.append("G");

    int nCount = strList.size();
    for(int i = 0; i < nCount; i++)
    {
        QString string = strList.at(i);
        QStandardItem *item = new QStandardItem(string);
        ItemModel->appendRow(item);
    }
    ui->listView->setModel(ItemModel);  //设置模型类
    ui->listView->setFixedSize(200,300);

    //信号和槽
    connect(ui->listView,SIGNAL(clicked(QModelIndex)),this,SLOT(showClick(QModelIndex)));

}
//槽函数
void MainWindow::showClick(QModelIndex index)
{
    QString strTemp;
    strTemp = index.data().toString();

    QMessageBox msg;
    msg.setText(strTemp);
    msg.exec();
}
```

7.10 项目案例 4：缩略图显示

在相册或文件夹中，通常会提供图片的缩略图显示，方便用户快速浏览查找图片，本案例使用 QListView 控件来显示一些图片的缩略图，效果如图 7-4 所示。

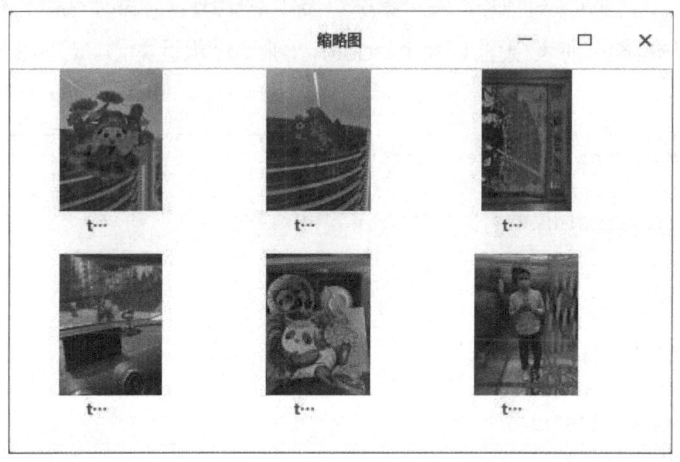

图 7-4　缩略图显示效果

根据效果图，需要创建一个窗口、一个 QListView 列表，以及数据模型。该案例的主要实现代码如下。

```
MainWindow::MainWindow(QWidget *parent) :
    QMainWindow(parent),
    ui(new Ui::MainWindow)
{
    ui->setupUi(this);
    //设置窗口属性
    setWindowTitle("缩略图");
    setGeometry(300 , 300 , 480 , 272);

    //创建QListView列表视图
    QListView   *listview = new   QListView ( this );
    listview->setViewMode( QListView::IconMode );
    listview->setMovement( QListView::Static );
    listview->setIconSize( QSize  ( 100 , 100 ));
    listview->setGridSize( QSize  ( 150 , 130 ));
    listview->setGeometry( 0 , 0 , 480 , 272 );
    listview->setResizeMode( QListView::Adjust );

    //创建标准数据模型类
    QStandardItemModel *slm = new QStandardItemModel ( this );
    //在模型类中添加6个模型
    for(int i=0;i<6;i++)
    {
        QStandardItem   *s1 = new QStandardItem ( QIcon ( QString(":/new/imgs/t%1").arg(i+1)),
                  QString("t%1.png").arg(i) );
        slm->appendRow( s1 );
```

```
    }

    // 设置 QListView 的模型
    listview->setModel( slm );
}
```

上面的代码创建标准数据模型类 QStandardItemModel，并在其中添加 6 个 QStandardItem 标准模型，每个模型中包含一个 QIcon 图标对象。可通过 setModel() 给列表视图设置标准数据模型类。

7.11 QComboBox 控件

在 Qt 界面库中，下拉列表框 QComboBox 控件是经常使用到的一个控件，QComboBox 以占用最少屏幕空间的方式向用户显示选项列表。它是一个选择控件，显示当前项目，并可以弹出可选选项列表。下拉列表框可以是可编辑的，允许用户修改列表中的每个项目，其构造函数如下。

```
QComboBox(QWidget *parent=Q_NULLPTR)
```

QComboBox 的常用函数和功能如下。

- void addItem(QString)：在末尾添加新的子项。
- void setCurrentIndex(int)：设置指定选项索引为默认选项。
- void setEditable(bool)：设置为可编辑状态。
- int currentIndex()：获取当前选项的索引。
- QString currentText()：返回当前选项的文字。
- QString itemText(int index)：返回指定索引号的文字。
- int count()：返回选项的个数。
- void setMaxVisibleItems(int)：设置最大显示选项个数，超过时用滚动条。
- void setMaxCount(int)：设置最大显示选项个数，超过时将不显示。
- void setInsertPolicy(QComboBox::InsertPolicy)：设置插入模式。

下面的代码先生成一个对话框，然后在对话框里面添加选项，设置默认的选项，最多可以显示两个选项。

```
QComboBox *city=new QComboBox(this);
city->addItem("北京");
city->addItem("上海");
city->addItem("武汉");
city->addItem("深圳");
city->addItem("重庆");
city->setCurrentIndex(1);
city->setMaxVisibleItems(2);
```

7.12 项目案例 5：UOS 联系人——注册窗口布局设计

下面的案例结合前文内容，进行 UOS 联系人的注册窗口（页面）布局设计。注册页面的效果如图 7-5 所示。注册页面主要由用户名文本框、密码文本框、“注册”按钮以及“返回”按钮组成。

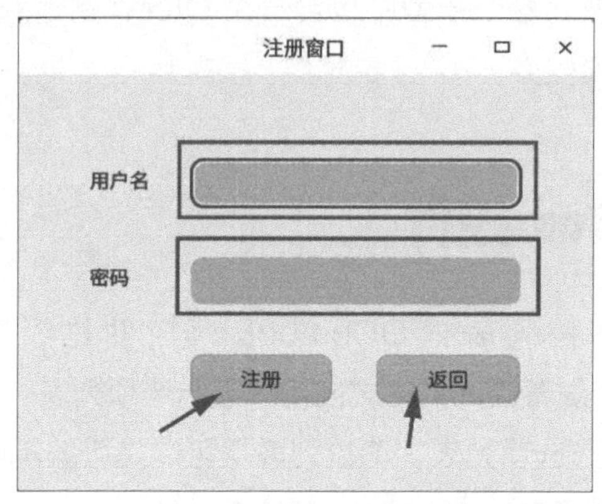

图 7-5 注册页面效果

7.12.1 注册页面主要实现代码

register.h 文件主要代码如下。

```
#include <QWidget>
#include <QtWidgets/QLabel>
#include <QtWidgets/QLineEdit>
#include <QtWidgets/QPushButton>
#include <QtWidgets/QWidget>
#include <QGridLayout>

class Register : public QWidget
{
    Q_OBJECT
    QLineEdit *txtUser;
    QLineEdit *txtPwd;
    QLabel *lb_user;
    QLabel *lb_pwd;
    QPushButton *btnReg;
    QPushButton *btnBack;
    QGridLayout *gridLayout;
public:
    explicit Register(QWidget *parent = nullptr);
    void setupUI();
    void retranslateUi();
    // 向用户表中插入数据
    void insertUser(QString uname, QString upwd);
signals:

public slots:
    void on_back_clicked();
    void on_register_clicked();
};
```

register.cpp 文件主要代码如下。

```
#include "register.h"
#include "login_widget.h"
#include <QSqlQuery>
#include <QSqlRecord>

Register::Register(QWidget *parent) : QWidget(parent)
{
    setupUI();
    connect(this->btnBack,SIGNAL(clicked()),this,SLOT(on_back_clicked()));
    connect(this->btnReg,SIGNAL(clicked()),this,SLOT(on_register_clicked()));
}
// 设置页面
void Register::setupUI(){
    if (this->objectName().isEmpty())
        this->setObjectName(QStringLiteral("Register"));
    this->resize(400, 300);
    QSizePolicy sizePolicy(QSizePolicy::Preferred, QSizePolicy::Preferred);
    sizePolicy.setHorizontalStretch(0);
    sizePolicy.setVerticalStretch(0);
    sizePolicy.setHeightForWidth(this->sizePolicy().hasHeightForWidth());
    this->setSizePolicy(sizePolicy);
    gridLayout = new QGridLayout(this);
    gridLayout->setObjectName(QStringLiteral("gridLayout"));
    gridLayout->setSizeConstraint(QLayout::SetDefaultConstraint);
    txtUser = new QLineEdit(this);
    txtUser->setObjectName(QStringLiteral("txtUser"));
    gridLayout->addWidget(txtUser,0,1,1,2);
    txtPwd = new QLineEdit(this);
    txtPwd->setObjectName(QStringLiteral("txtPwd"));
    gridLayout->addWidget(txtPwd,1,1,1,2);
    lb_user = new QLabel(this);
    lb_user->setAlignment(Qt::AlignCenter);
    lb_user->setObjectName(QStringLiteral("lb_user"));
    gridLayout->addWidget(lb_user,0,0,1,1);
    lb_pwd = new QLabel(this);
    lb_pwd->setObjectName(QStringLiteral("lb_pwd"));
    lb_pwd->setAlignment(Qt::AlignCenter);
    gridLayout->addWidget(lb_pwd,1,0,1,1);
    btnReg = new QPushButton(this);
    btnReg->setObjectName(QStringLiteral("btnReg"));
    gridLayout->addWidget(btnReg,2,1,1,1);
    btnBack = new QPushButton(this);
    btnBack->setObjectName(QStringLiteral("btnBack"));
    gridLayout->addWidget(btnBack,2,2,1,1);
    retranslateUi();
}
// 设置文本内容
void Register::retranslateUi()
{
    this->setWindowTitle("注册窗口");
```

```
    lb_user->setText("用户名");
    lb_pwd->setText("密码");
    btnReg->setText("注册");
    btnBack->setText("返回");
};
//单击“返回”按钮关联事件
void Register::on_back_clicked(){
    Widget *w = new Widget();
    this->hide();
    w->show();
}
//单击“注册”按钮关联事件(将对应数据写入数据库)
void Register::on_register_clicked(){
    qDebug()<<"将用户名跟密码写入数据库操作";
    QString uname = this->txtUser->text();
    QString upwd = this->txtPwd->text();
    insertUser(uname,upwd);
}
```

7.12.2 注册页面功能介绍

注册页面中的主要功能由 5 个函数实现，其具体意义讲解如下。

1. void Register::setupUI()

该函数主要完成了页面的构建，例如 new QLineEdit(this) 完成对象的创建，setObjectName 设置对象名，通过 gridLayout 对象完成了页面的相对布局。对于初学者来讲，如果觉得相对布局不好理解，也可以使用 Rect 进行区域的绝对设置。在函数实现的最后位置，手动调用了 retranslateUi() 函数。

2. void Register::retranslateUi()

这个函数的主要功能相对较简单，可实现当前页面中相关内容的设置，如 this->setWindowTitle("注册窗口") 和 btnReg->setText("注册") 等。

3. void Register::on_back_clicked()

这个函数实现的主要功能则是从当前的注册页面返回到登录页面，其实现过程分 3 个步骤：首先，创建登录页面对象（Widget *w = new Widget()）；其次，将当前的注册页面隐藏（this->hide()）；最后，显示登录页面（w->show()）。

4. void Register::on_register_clicked()

相比“返回”按钮关联的功能，“注册”按钮关联的功能要复杂得多，因为注册时要考虑将数据写入数据库，写入之前还得考虑数据库中是否已经存在相同的数据。因此将该业务进行了分离，单击按钮之后，先获取当前页面上的用户名和密码（QString uname = this->txtUser->text()、QString upwd = this->txtPwd->text()），然后通过调用函数 insertUser(uname,upwd) 完成数据的判断。

5. void Register::insertUser(QString uname, QString upwd)

该函数完成的就是是否可以注册成功的业务处理。涉及的数据库相关操作，会在后文进行适当讲解。

7.13 自定义控件

在搭建 Qt 窗口界面的时候，一个项目中很多窗口，或者窗口中的某个模块会被经常性地重复使用。一般这种情况可将这个窗口或者模块做成一个独立的窗口类，也就是自定义控件，以备后续重复使用。

7.14 项目案例 6：可以控制窗口大小的自定义控件

该案例从 QWidget 派生出一个类 SmallWidget，实现一个自定义窗口，下面对其主要代码进行介绍。

smallwidget.h 文件主要代码如下。

```
// smallwidget.h
class SmallWidget : public Qwidget

{
    Q_OBJECT
public:
    explicit SmallWidget(QWidget *parent = 0);

signals:

public slots:
private:
    QSpinBox* spin;
    QSlider* slider;
};
```

smallwidget.cpp 文件主要代码如下。

```
// smallwidget.cpp
SmallWidget::SmallWidget(QWidget *parent) : QWidget(parent)
{
    spin = new QSpinBox(this);
    slider = new QSlider(Qt::Horizontal, this);

    // 创建布局对象
    QHBoxLayout* layout = new QHBoxLayout;
    // 将控件添加到布局中
    layout->addWidget(spin);
    layout->addWidget(slider);
```

```
    // 将布局设置到窗口中
    setLayout(layout);

    // 添加消息响应
    connect(spin, static_cast<void (QSpinBox::*)(int)>(&QSpinBox::valueChanged),
                  slider, &QSlider::setValue);
    connect(slider, &QSlider::valueChanged, spin, &QSpinBox::setValue);
}
```

项目运行效果如图 7-6 所示。

SmallWidget 可以作为独立的窗口显示，也可以作为一个控件来使用。

接下来介绍怎么使用 SmallWidget。打开 Qt 的 .ui 文件，因为 SmallWidget 派生自 Qwidget 类，所以需要在 .ui 文件中先放入一个 QWidget 控件，然后在控件上右击，在弹出的快捷菜单中选择“提升为”，如图 7-7 所示。

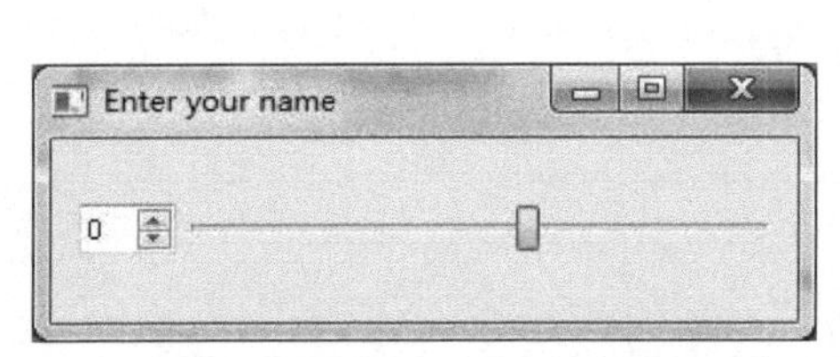

图 7-6　项目运行效果

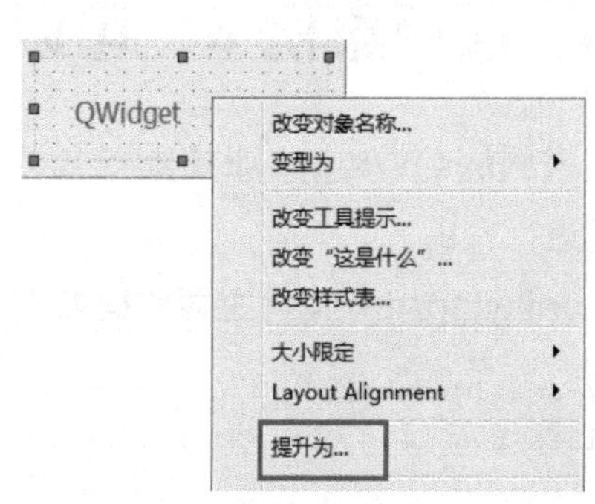

图 7-7　选择“提升为”

弹出“提升的窗口部件”对话框，添加要提升的类名称，然后单击“添加”按钮，如图 7-8 所示。

添加之后，类名会显示到上边的列表框中，然后单击“提升”按钮，完成操作，如图 7-9 所示。

图 7-8　“提升的窗口部件”对话框

图 7-9　单击“提升”按钮

可以看到，这个窗口对应的类从原来的 QWidget 变成了 SmallWidget，如图 7-10 所示。

图 7-10 QWidget 变成了 SmallWidget

再次运行程序，这个 widget_3 中就能显示出自定义的窗口了。

本章介绍了一些常用控件的用途和用法，包括 QPushButton、QLabel、QLineEdit、QCheckBox、QRadioButton、QListView、QComboBox 和自定义控件等，这部分内容在进行界面设计时比较重要，建议读者认真学习。

第 8 章

布局管理器

Qt 通过布局定位来解决组件的定位问题。只要把组件放入某一种布局，布局由专门的布局管理器进行管理。当需要调整大小或者位置的时候，Qt 使用对应的布局管理器进行调整，自动更新界面组件的大小。布局管理器可以自定义，从而实现更加个性化的界面布局效果。布局管理器可以相互嵌套，完成所有常用的界面布局。

【目标任务】

熟悉并掌握布局控件和 Qt 常见控件结合进行界面设计的方法。

【知识点】

Qt Creator 的 QHBoxLayout、QVBoxLayout、QGridLayout、QFormLayout 与 QStackedLayout 布局控件的用途和用法。

【项目实践】

UOS 联系人的登录窗口布局设计：包含联系人登录和注册等功能。

8.1 系统提供的布局控件

创建一个窗口，把按钮放上面，把图标放上面，这样就成了一个界面。在放置时，组件的位置尤为重要。必须要指定组件放在哪里，以便窗口能够按照需要的方式进行渲染。这就涉及组件的定位机制。Qt 提供了两种组件定位机制：绝对定位和布局定位。

绝对定位是一种最原始的定位方法：给出这个组件的坐标和长宽值。这样，Qt 就知道该把组件放在哪里以及如何设置组件的大小。但是这样会带来一个问题，如果用户改变了窗口大小，比如单击最大化按钮或者使用鼠标拖动窗口边缘，采用绝对定位的组件是不会有任何响应的。这也很正常，因为用户并没有告诉 Qt，在窗口发生变化时，组件是否要更新以及如何更新。如果需要让组件自动更新——这是很常见的需求，比如在最大化时，Word 需要把稿纸区放大，把工具栏拉长——用户就要自己编写相应的函数来响应这些变化。或者，更简单的方法——禁止用户改变窗口大小。

Qt 提供了另一种机制——布局定位，由专门的布局管理器进行管理。

QLayout 是 Qt 的布局管理器的抽象基类。Qt 提供了以下几种布局管理器供选择，均是基于 QLayout 基类。

- QHBoxLayout：按照水平方向从左到右布局。
- QVBoxLayout：按照垂直方向从上到下布局。
- QGridLayout：在一个网格中进行布局，类似于 HTML 的 table。
- QFormLayout：按照表格布局，每一行前面是一段文本，文本后面跟随一个组件（通常是文本框），类似 HTML 的 form。
- QStackedLayout：层叠的布局，允许将几个组件按照 *z* 轴方向堆叠，可以形成类似向导的一页一页的效果。

其中前 3 种是最重要的布局管理器，其用法也很简单，使用 addWidget() 将需要摆放的窗口部件添加到 layout 里面。layout 本身也可以通过 addLayout() 作为一个整体添加到上层 layout 里面。addStretch() 方法可以添加一个伸缩器用于占满空白空间。

下面的代码创建了一个 QHBoxLayout 对象，也就是一个布局管理器。然后将两个组件都添加到这个布局管理器，并且把该布局管理器设置为窗口的布局管理器。布局管理器很“聪明地”做出了正确的行为：保持 QSpinBox 宽度不变，自动拉伸 QSlider 的宽度，具体代码如下。

```
int main(int argc, char *argv[])
{
    QApplication app(argc, argv);

    QWidget window;
    window.setWindowTitle("Enter your age");

    QSpinBox *spinBox = new QSpinBox(&window);
    QSlider *slider = new QSlider(Qt::Horizontal, &window);
    spinBox->setRange(0, 130);
    slider->setRange(0, 130);
```

```
    QObject::connect(slider,  SIGNAL(valueChanged(int)),
                     spinBox, SLOT(setValue(int)));
    QObject::connect(spinBox, SIGNAL(valueChanged(int)),
                     slider,  SLOT(setValue(int)));
    spinBox->setValue(35);

    QHBoxLayout *layout = new QHBoxLayout;
    layout->addWidget(spinBox);
    layout->addWidget(slider);
    window.setLayout(layout);

    window.show();

    return app.exec();
}
```

QGridLayout 布局基于一个二维单元格，如图 8-1 所示。每个窗口组件可以占据一个或几个单元格，左上角的单元格为 (0,0)。QGridLayout :: addWidget() 的用法如下。

```
layout->addWidget(widget, row, column, rowSpan, columnSpan);
```

其中，row 和 column 是窗口部件所占据的位置，rowSpan 和 columnSpan 是该部件所占用的行数与列数。

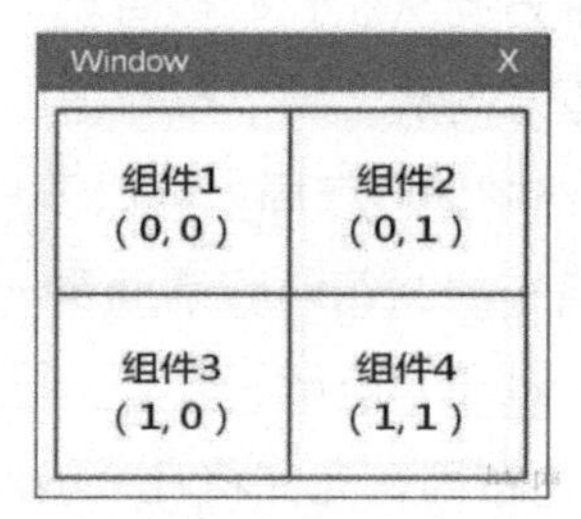

图 8-1　QGridLayout 布局

通过实现图 8-1 中所示的 4 个按钮体验一下 QGridLayout 的使用。

```
QGridLayout* layout = new QGridLayout();
TestBtn1.setText("Test Button 1");
//设置组件大小可扩展
TestBtn1.setSizePolicy(QSizePolicy::Expanding, QSizePolicy::Expanding);
TestBtn1.setMinimumSize(160, 30);//设置最小尺寸

TestBtn2.setText("Test Button 2");
TestBtn2.setSizePolicy(QSizePolicy::Expanding, QSizePolicy::Expanding);
TestBtn2.setMinimumSize(160, 30);

TestBtn3.setText("Test Button 3");
TestBtn3.setSizePolicy(QSizePolicy::Expanding, QSizePolicy::Expanding);
TestBtn3.setMinimumSize(160, 30);

TestBtn4.setText("Test Button 4");
TestBtn4.setSizePolicy(QSizePolicy::Expanding, QSizePolicy::Expanding);
TestBtn4.setMinimumSize(160, 30);

layout->setSpacing(10);//设置间距
layout->addWidget(&TestBtn1, 0, 0);//向网格的不同坐标添加不同的组件
```

```
    layout->addWidget(&TestBtn2, 0, 1);
    layout->addWidget(&TestBtn3, 1, 0);
    layout->addWidget(&TestBtn4, 1, 1);

    layout->setRowStretch(0, 1);// 设置行列比例系数
    layout->setRowStretch(1, 3);
    layout->setColumnStretch(0, 1);
    layout->setColumnStretch(1, 3);

    setLayout(layout);// 设置顶级布局管理器
```

QStackedLayout 可以对一组子窗口部件进行摆放，并对这些部件进行“分页”，一次只显示其中的一个，而将其他的子窗口部件分页隐藏起来。分页从 0 开始编号，可以使用 setCurrentIndex() 来设置当前显示的分页，通过 indexOf() 获取子窗口部件的编号。

在下面的示例中，对话框由左侧的 QListWidget 和右侧的 QStackedLayout 组成。QListWidget 中的每一项都分别对应于 QStackedLayout 中的不同页，具体代码如下。

```
    listWidget = new QListWidget;
    listWidget->addItem(tr("Appearance"));
    listWidget->addItem(tr("Web Browser"));
    listWidget->addItem(tr("Mail & News"));
    listWidget->addItem(tr("Advanced"));

    stackedLayout = new QStackedLayout;
    stackedLayout->addWidget(appearancePage);
    stackedLayout->addWidget(webBrowserPage);
    stackedLayout->addWidget(mailAndNewsPage);
    stackedLayout->addWidget(advancedPage);

    connect(listWidget, SIGNAL(currentRowChanged(int)),stackedLayout,
                         SLOT(setCurrentIndex(int)));
```

8.2 利用 widget 做布局

在 QDialog 的派生类中添加 layout，可在创建 layout 对象的同时指定其父窗口，但这在 QMainWindow 中行不通，可能会出现已经设置过布局或者设置的 layout 不能正常显示的情况。这是因为基于主窗口的程序默认已经有了自己的布局管理器，所以再次设置 layout 会失效。

QMainWindow 的中心控件是一个 QWidget，可以通过 setCentralWidget() 进行设置。若想在 QMainWindow 中添加 layout，需要将该 layout 添加到一个 QWidget 对象中，然后将该布局设置为该空间的布局，最后设置该控件为 QMainWindow 的中心控件，具体步骤如下。

01 创建一个 QWidget 实例，并将这个实例设置为 CentralWidget。

```
    QWidget *widget = new QWidget();
    this->setCentralWidget(widget);
```

02 创建一个主布局 mainLayout，添加自己需要的控件，设置布局属性。

```
QHBoxLayout *mainLayout = new QHBoxLayout;
mainLayout->setMargin(5);
mainLayout->setSpacing(5);
mainLayout->addWidget(list);
mainLayout->addWidget(stack,0,Qt::AlignRight);
mainLayout->setStretchFactor(list,1);
mainLayout->setStretchFactor(stack,3);
```

03 将 widget 的布局设置为 mainLayout。

```
centralWidget()->setLayout(mainLayout);
```

8.3 项目案例：UOS 联系人——登录窗口布局设计

结合前文内容，该案例完成 UOS 联系人的登录窗口布局设计。登录页面效果如图 8-2 所示。

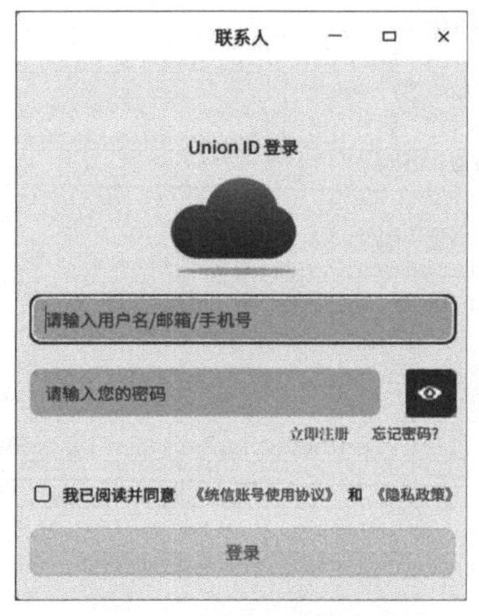

图 8-2 登录页面效果

8.3.1 登录页面实现代码

下面对主页面主要实现代码进行介绍。

login_widget.h 文件主要代码如下。

```
#include <QWidget>
#include <QLabel>
#include <QLineEdit>
#include <QPushButton>
#include <QBoxLayout>
#include <QCheckBox>
#include <QApplication>
#include <QMessageBox>
#include <QDebug>
#include <QToolButton>
#include "register.h"

class Widget : public QWidget
```

```
{
    Q_OBJECT

public:
    Widget(QWidget *parent = 0);
    ~Widget();
    QLabel *lbTitle;
    QLabel *lbLogo;
    QLineEdit *txtUser;
    QLineEdit *txtPwd;
    QPushButton *btnLogin;
    QPushButton *btnVisable;
    QWidget *widget;
    QHBoxLayout *horizontalLayout;
    QCheckBox *btnAgree_2;
    QLabel *label_5;
    QLabel *label_7;
    QLabel *label_6;
    QWidget *widget1;
    QHBoxLayout *horizontalLayout_2;
    QToolButton *btnReg;
    QLabel *lbFind;
    bool flag = true;
private slots:
    void showFrom();
    void showWord();
    void btn_visable_clicked();
    void account_text_changed();
    void passwd_text_changed();
    void checkBox_changed();
    void btn_login_state();
    void btn_register_clicked();
    void btn_login_clicked();
    void init_database();
};
```

login_widget.cpp 文件主要代码如下。

```
#include "login_widget.h"
#include "contact.h"
#include <QSqlQuery>
#include <QSqlRecord>
#include "contact.h"
#include <QSqlDatabase>
#include <QMessageBox>

struct user_info{
    QString user_name;
    QString user_passwd;
};

Widget::Widget(QWidget *parent)
    : QWidget(parent)
{
    showFrom();
```

```
    showWord();
    init_database();
    connect(this->btnVisable, SIGNAL(clicked()), this,
           SLOT(btn_visable_clicked()));
    connect(this->txtUser,SIGNAL(textChanged(const QString &)),this,
           SLOT(account_text_changed()));
    connect(this->txtPwd,SIGNAL(textChanged(const QString &)),this,
           SLOT(passwd_text_changed()));
    connect(this->btnAgree_2,SIGNAL(stateChanged(int)),this,
           SLOT(checkBox_changed()));
    connect(this->btnReg,SIGNAL(clicked()),this,SLOT(btn_register_clicked()));
    connect(this->btnLogin,SIGNAL(clicked()),this,SLOT(btn_login_clicked()));
}

Widget::~Widget()
{

}
//呈现出窗体部件
void Widget::showFrom(){
    if (this->objectName().isEmpty())
       this->setObjectName(QStringLiteral("Widget"));
    this->resize(360, 440);
    this->setStyleSheet(QStringLiteral(""));
    lbTitle = new QLabel(this);
    lbTitle->setObjectName(QStringLiteral("lbTitle"));
    lbTitle->setGeometry(QRect(136, 60, 90, 20));
    lbTitle->setAlignment(Qt::AlignCenter);

    lbLogo = new QLabel(this);
    lbLogo->setObjectName(QStringLiteral("lbLogo"));
    lbLogo->setGeometry(QRect(120, 90, 111, 91));
    lbLogo->setAutoFillBackground(true);
    lbLogo->setPixmap(QPixmap(QString::fromUtf8(":/imgs/1.png")));
    lbLogo->setScaledContents(true);
    txtUser = new QLineEdit(this);
    txtUser->setClearButtonEnabled(true);
    txtUser->setObjectName(QStringLiteral("txtUser"));
    txtUser->setGeometry(QRect(10, 190, 341, 41));
    txtPwd = new QLineEdit(this);
    txtPwd->setEchoMode(QLineEdit::Password);
    txtPwd->setClearButtonEnabled(true);
    txtPwd->setObjectName(QStringLiteral("txtPwd"));
    txtPwd->setGeometry(QRect(10, 250, 281, 41));
    btnLogin = new QPushButton(this);
    btnLogin->setObjectName(QStringLiteral("btnLogin"));
    btnLogin->setEnabled(false);
    btnLogin->setGeometry(QRect(10, 380, 341, 41));
    btnVisable = new QPushButton(this);
    btnVisable->setObjectName(QStringLiteral("btnVisable"));
    btnVisable->setGeometry(QRect(310, 250, 41, 41));
    btnVisable->setStyleSheet(QStringLiteral(""));
```

```
    QIcon icon;
    icon.addFile(QStringLiteral(":imgs/btn1.png"), QSize(), QIcon::Normal,
                QIcon::Off);
    btnVisable->setIcon(icon);
    btnVisable->setIconSize(QSize(60, 60));
    btnVisable->setCheckable(false);
    btnVisable->setAutoRepeat(false);
    widget = new QWidget(this);
    widget->setObjectName(QStringLiteral("widget"));
    widget->setGeometry(QRect(10, 340, 344, 27));
    horizontalLayout = new QHBoxLayout(widget);
    horizontalLayout->setSpacing(6);
    horizontalLayout->setContentsMargins(11, 11, 11, 11);
    horizontalLayout->setObjectName(QStringLiteral("horizontalLayout"));
    horizontalLayout->setContentsMargins(0, 0, 0, 0);
    btnAgree_2 = new QCheckBox(widget);
    btnAgree_2->setObjectName(QStringLiteral("btnAgree_2"));
    btnAgree_2->setMinimumSize(QSize(121, 0));
    btnAgree_2->setStyleSheet("QCheckBox{font: 10pt \"Noto Sans CJK SC\"}");

    horizontalLayout->addWidget(btnAgree_2);

    label_5 = new QLabel(widget);
    label_5->setObjectName(QStringLiteral("label_5"));
    label_5->setOpenExternalLinks(true);

    horizontalLayout->addWidget(label_5);

    label_7 = new QLabel(widget);
    label_7->setObjectName(QStringLiteral("label_7"));
    label_7->setOpenExternalLinks(false);

    horizontalLayout->addWidget(label_7);

    label_6 = new QLabel(widget);
    label_6->setObjectName(QStringLiteral("label_6"));
    label_6->setOpenExternalLinks(true);

    horizontalLayout->addWidget(label_6);

    btnReg = new QToolButton(this);
    btnReg->setObjectName(QStringLiteral("toolButton"));
    btnReg->setGeometry(QRect(204, 290, 74, 31));
    btnReg->setStyleSheet("font:9pt \"CESI 小标宋 -GB2312\";color:rgb(125, 167, 249)");

    lbFind = new QLabel(this);
    lbFind->setObjectName(QStringLiteral("lbFind"));
    lbFind->setGeometry(QRect(283, 294, 60, 21));
    lbFind->setOpenExternalLinks(true);
    lbFind->setTextInteractionFlags(Qt::LinksAccessibleByMouse);
}
```

```
//呈现各种窗体内的文本内容
void Widget::showWord(){
    this->setWindowFlags(Qt::Dialog);
    this->setWindowTitle("联系人");
    lbTitle->setText("Union ID登录");
    lbLogo->setText(QString());
    txtUser->setPlaceholderText("请输入用户名/邮箱/手机号");
    txtPwd->setPlaceholderText("请输入您的密码");
    btnLogin->setText("登录");
    btnVisable->setText(QString());
    btnAgree_2->setText("我已阅读并同意");
    label_5->setText(QApplication::translate("Widget",
                                             "<html><head/><body><p>"
                                             "<span style=\" font-size:9pt; color:
                                             #3cb2f8;\">"
                                             "《统信账号使用协议》"
                                             "</span></p></body></html>", nullptr));
    label_7->setText(QApplication::translate("Widget",
                                             "<html><head/><body><p>"
                                             "<span style=\" font-size:9pt;\">"
                                             "和"
                                             "</span></p></body></html>", nullptr));
    label_6->setText(QApplication::translate("Widget",
                                             "<html><head/><body><p>"
                                             "<span style=\" font-size:9pt; color:
                                             #3cb2f8;\">"
                                             "《隐私政策》"
                                             "</span></p></body></html>", nullptr));
    btnReg->setText("立即注册");
    lbFind->setText(QApplication::translate("Widget",
                                             "<html><head/><body><p>"
                                             "<span style=\"font-size:9pt; color:
                                             #4ba5f9;\">"
                                             "忘记密码?"
                                             "</span></p></body></html>", nullptr));
}
// 按钮状态验证,后期关联数据库,进行登录验证
void Widget::btn_visable_clicked(){
    if (this->flag){
        this->flag = false;
        QIcon icon;
        icon.addFile(QStringLiteral(":imgs/btn2.png"), QSize(), QIcon::Normal,
                     QIcon::Off);
        btnVisable->setIcon(icon);
        this->txtPwd->setEchoMode(QLineEdit::Normal);
    }else {
        QIcon icon;
        icon.addFile(QStringLiteral(":imgs/btn1.png"), QSize(), QIcon::Normal,
                     QIcon::Off);
        btnVisable->setIcon(icon);
        this->flag = true;
```

```
        this->txtPwd->setEchoMode(QLineEdit::Password);
    }
}
// 账号文本框内容变动关联事件
void Widget::account_text_changed(){
    qDebug()<<"acount changed";
    btn_login_state();
}
// 密码文本框内容变动关联事件
void Widget::passwd_text_changed(){
    qDebug()<<"password changed";
    btn_login_state();
}
// 同意勾选框状态变动关联事件
void Widget::checkBox_changed(){
    qDebug()<<this->btnAgree_2->isChecked();
    btn_login_state();
}
// "登录"按钮状态设置
void Widget::btn_login_state(){
    QString account = this->txtUser->text();
    QString passwd = this->txtPwd->text();
    bool isAgree = this->btnAgree_2->isChecked();
    if (account.isEmpty() | passwd.isEmpty() | not isAgree){
        this->btnLogin->setEnabled(false);
    }
    else {
        this->btnLogin->setEnabled(true);
    }
}
// 注册标签单击事件（登录跳转逻辑待完善）
void Widget::btn_register_clicked(){
    qDebug()<<" 注册按钮被单击 ";
    Register *reg = new Register();
    this->hide();
    reg->show();
}
// "登录"按钮单击事件
void Widget::btn_login_clicked(){

    qDebug()<<" 单击登录，将输入的用户名、密码与数据库用户表中的数据进行匹配，如果正确则进入联
            系人页面，否则给出提示 ";
    user_info user = {this->txtUser->text(),this->txtPwd->text()};
    QSqlQuery query( "select *  from tuser " );
    QSqlRecord rec = query.record();
    bool is_correct = false;
    while (query.next()) {
        int username_index = rec.indexOf("username");
        int passwd_index = rec.indexOf("password");

        if(user.user_name == query.value(username_index).toString()
                && user.user_passwd == query.value(passwd_index).toString()){
```

```
                is_correct = true;
                break;
            }
        }
        if (is_correct){
            Contact *con = new Contact();
            this->hide();
            con->show();
        }else {
            QMessageBox::information(this, "提示", "用户名或者密码有误",QMessageBox::Yes);
        }
    }
    //初始化数据库连接
    void Widget::init_database(){
        QSqlDatabase db = QSqlDatabase::addDatabase("QMYSQL");
        db.setHostName("127.0.0.1");
        db.setPort(3306);
        db.setUserName("uos");
        db.setPassword("");
        db.setDatabaseName("uoser");
        bool bRet = db.open();
        if(bRet == false)
        {
            qDebug() << "error open database";
        }else {
            qDebug() << "open database success";
        }
    }
```

8.3.2 登录页面功能介绍

登录页面中共涉及 10 个函数，接下来一一介绍。

1. void showFrom()

这个函数主要完成主页面中控件的构建，主要控件有 QLabel、QLineEdit、QPushButton、QCheckBox 和 QToolButton。

QLabel 主要用法如下。

```
//创建标签
lbLogo = new QLabel(this);
//设置标签对象名
lbLogo->setObjectName(QStringLiteral("lbLogo"));
//设置标签区域
lbLogo->setGeometry(QRect(120, 90, 111, 91));
//设置标签背景自动填充
lbLogo->setAutoFillBackground(true);
//给标签设置图片
lbLogo->setPixmap(QPixmap(QString::fromUtf8(":/imgs/1.png")));
//设置标签内容自适应缩放
lbLogo->setScaledContents(true);
```

一定要注意 setAutoFillBackground() 的设置，如果图片区域不合适，呈现的效果会非常差。设置该属性为 true 可以避免类似问题的产生。

QLineEdit 主要用法如下。

```
//创建文本框对象
txtPwd = new QLineEdit(this);
//设置文本框的编辑模式为密码模式（输入的内容不可见）
txtPwd->setEchoMode(QLineEdit::Password);
//设置文本框显示清楚按钮
txtPwd->setClearButtonEnabled(true);
//设置文本框对象名
txtPwd->setObjectName(QStringLiteral("txtPwd"));
//设置文本框的区域
txtPwd->setGeometry(QRect(10, 250, 281, 41));
```

这里要注意 setEchoMode() 的设置，有多种模式可选，包括 Normal、NoEcho、Password、PasswordEchoOnEdit。

QPushButton 主要用法如下。

```
//创建按钮
btnVisable = new QPushButton(this);
//设置按钮对象名
btnVisable->setObjectName(QStringLiteral("btnVisable"));
//设置按钮区域
btnVisable->setGeometry(QRect(310, 250, 41, 41));
//设置按钮样式
btnVisable->setStyleSheet(QStringLiteral(""));
//图像对象
QIcon icon;
//设置图像对象用来显示的图片
icon.addFile(QStringLiteral(":imgs/btn1.png"), QSize(), QIcon::Normal, QIcon::Off);
//给按钮添加图像
btnVisable->setIcon(icon);
//设置按钮的图像尺寸
btnVisable->setIconSize(QSize(60, 60));
//设置按钮可以单击
btnVisable->setCheckable(false);
//设置按钮响应的事件自动重复
btnVisable->setAutoRepeat(false);
```

在 QPushButton 的使用过程中，可以通过 setIcon() 来实现图像的设置。有的按钮在不同的状态下，展示的图像是不同的，也是通过 QIcon 的 addFile() 函数添加不同的图像来实现的。该页面中也有该部分功能的实现，在后文函数 void btn_visable_clicked() 的介绍中有具体的讲解。

QCheckBox 主要用法如下。

```
//创建 checkBox 对象
btnAgree_2 = new QCheckBox(widget);
```

```
//设置对象名
btnAgree_2->setObjectName(QStringLiteral("btnAgree_2"));
//设置尺寸
btnAgree_2->setMinimumSize(QSize(121, 0));
//设置样式
btnAgree_2->setStyleSheet("QCheckBox{font: 10pt \"Noto Sans CJK SC\"}");
```

在 QCheckBox 的使用中，需要注意 setStyleSheet() 函数的用法，它支持样式表语法，而 Qt 中的样式表语法基本和 HTML、CSS 语法一致，这里不赘述。

QToolButton 主要用法如下。

```
//创建按钮
btnReg = new QToolButton(this);
//设置按钮对象名
btnReg->setObjectName(QStringLiteral("toolButton"));
//设置按钮区域
btnReg->setGeometry(QRect(204, 290, 74, 31));
//设置按钮样式
btnReg->setStyleSheet("font:9pt \"CESI 小标宋 -GB2312\";color:rgb(125, 167, 249)");
```

这里使用的样式与 QCheckBox 中使用的样式一样，都支持 HTML、CSS 中的样式，其中使用的函数 setStyleSheet() 其实是 QWidget 中的函数，不论是 QCheckBox，还是 QToolButton，都是 QWidget 的子类。不仅这两个控件，其他同样继承于 QWidget 的控件类，都可以通过该函数完成样式的设置。

2. void showWord()

这个函数主要实现页面控件中内容的设置。比如：this->setWindowTitle(" 联系人 ") 设置窗口标题；lbTitle->setText("Union ID 登录 ") 设置标签内容；txtPwd->setPlaceholderText(" 请输入您的密码 ") 设置文本框的占位提示语，下面是用 HTML 的方式设置 label_5 的显示文本。

```
label_5->setText(QApplication::translate("Widget",
                                         "<html><head/><body><p>"
                                         "<span style=\" font-size:9pt;color:#3cb2f8;\">"
                                         "《统信账号使用协议》"
                                         "</span></p></body></html>", nullptr));
```

这个函数同样完成标签文本内容的设置，但是内部使用了 translate() 函数，它与之前使用的 setStyleSheet() 函数功能类似，可以在内部直接使用 HTML、CSS 的样式。

3. void btn_visable_clicked()

这个函数主要实现密码可视按钮显示的不同状态，以及密码文本框中的密码是否可见。如果是正常状态，给按钮添加默认状态下的图片，密码文本框中的密码为不可视状态（圆点显示），如图 8-3 所示。实现密码可见的关键在于通过 addFile 添加图片 2，同时通过 setEchoMode 将文本框设置为不可视状态。

如果单击了可视按钮，则密码为可视状态，如图8-4所示。实现关键则在于通过addFile添加图片1，同时通过setEchoMode将文本框设置为可视状态。

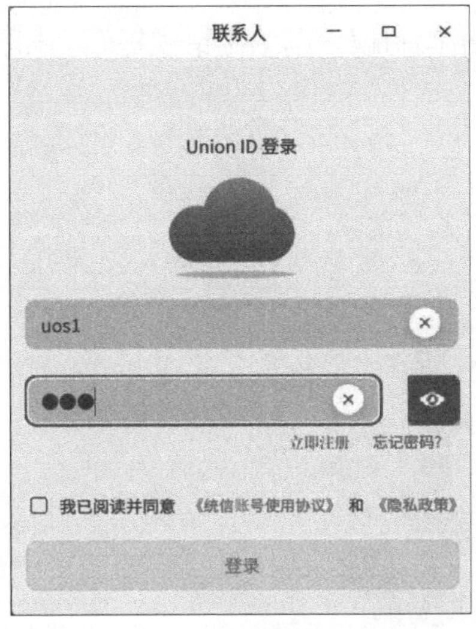

图8-3 密码不可视

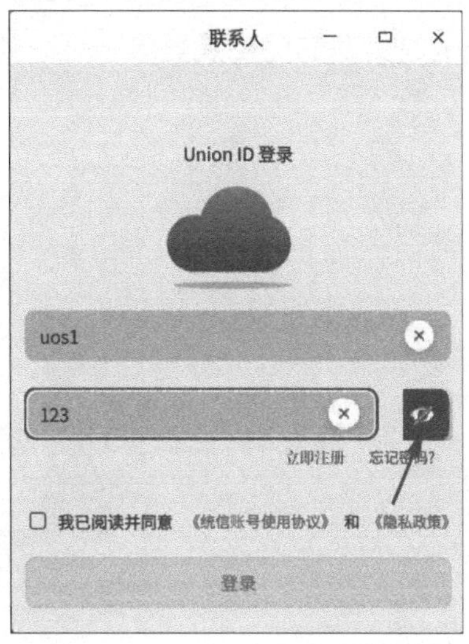

图8-4 密码可视

4. void Widget::account_text_changed()、void Widget::passwd_text_changed()、void Widget::checkBox_changed()

这3个函数实现的功能一样，且都是在函数内部调用另外一个函数btn_login_state()。

5. void Widget::btn_login_state()

这个函数实现的逻辑如下。

```
if (account.isEmpty() | passwd.isEmpty() | not isAgree){
    this->btnLogin->setEnabled(false);
}else {
    this->btnLogin->setEnabled(true);
}
```

对用户名、密码以及同意协议3个地方做判断，如果用户名、密码正确，且勾选“我已阅读并同意”，“登录”按钮才可以被单击。

6. void Widget::btn_register_clicked()

这个函数是注册功能按钮关联的函数，主要实现的功能就是完成注册页面的跳转，单击“注册”按钮，弹出注册窗口页面，如图8-5所示。

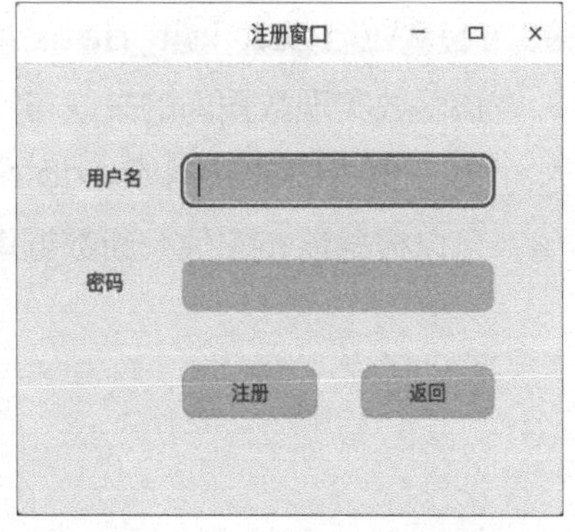

图8-5 注册窗口页面

实现的关键在于，先通过Register *reg = new Register()创建一个被弹出页面的对象；然后通过this->hide()让当前页面隐藏，如果不需要隐藏当前页面，则可以忽略该步；最后通过 reg->show() 弹出新页面。

7. void Widget::btn_login_clicked()

该函数实现的逻辑是登录验证，如果用户名或密码有误，则给出错误提示，如图 8-6 所示。

图 8-6 错误提示

单击“Yes”按钮可重新输入。如果用户名和密码正确，则完成登录，进入联系人页面。

实现过程中要注意，对用户名和密码的判断需要通过数据库进行查询，从而判断是否有该用户。“QSqlQuery query("select * from tuser ");”可以查询 tuser 表中的所有数据，通过“while (query.next())”对数据进行遍历，如果用户名及密码正确，弹出联系人页面，否则“QMessageBox::information(this," 提示 "," 用户名或者密码有误 ", QMessageBox::Yes)”弹出警告对话框。

由于要对数据库进行查询操作，所以需要在单击按钮之前，完成数据库的关联与打开操作。

8. void Widget::init_database()

该函数实现数据库的关联与打开。在代码中，addDatabase 加载驱动，setDatabase Name 设置关联的数据库，db.open() 打开数据库。打开数据库的时候，会返回一个布尔值，可以根据该布尔值判断数据库是否打开成功，并给出相应提示。

第 9 章

Qt 消息机制和事件

本章主要介绍 Qt 事件处理机制。深入了解事件处理系统对于学习 Qt 非常重要，可以说 Qt 是以事件驱动的 UI 工具集。信号和槽在多线程中的实现也依赖于 Qt 的事件处理机制。

【目标任务】

熟悉并掌握 Qt 中的事件机制、键盘事件、鼠标事件和事件过滤机制。

【知识点】

Qt 中的事件机制、键盘事件、鼠标事件和事件过滤机制。

【项目实践】

- 键盘事件处理：键盘按下或者释放的事件处理。
- 鼠标事件处理：鼠标按下、释放或者移动的事件处理。
- 事件过滤处理：对事件过滤的安装和处理。

9.1 事件概述

事件（Event）是由系统或者 Qt 本身在不同的时刻发出的。当用户按下鼠标、敲键盘，或者窗口需要重新绘制的时候，都会发出一个相应的事件。一些事件在对用户操作做出响应时发出，如键盘事件等；另一些事件则由系统自动发出，如计时器事件。

Qt 程序需要用 main() 函数创建一个 QApplication 对象，然后调用它的 exec() 函数。这个函数就是开始 Qt 的事件循环。在执行 exec() 函数之后，程序将进入事件循环来监听应用程序的事件。当事件发生时，Qt 将创建一个事件对象。Qt 中的所有事件类都继承于 QEvent。在事件对象创建完毕后，Qt 将这个事件对象传递给 QObject 的 event() 函数。event() 函数并不直接处理事件，而是按照事件对象的类型分派给特定的事件处理函数（Event Handler）。

在所有组件的父类 QWidget 中，定义了很多事件处理的回调函数，如 keyPressEvent()、keyReleaseEvent()、mouseDoubleClickEvent()、mouseMoveEvent()、mousePressEvent()、mouseReleaseEvent() 等。

这些函数都是 protected virtual 的，也就是说，可以在子类中重新定义和实现这些函数。

9.2 项目案例 1：键盘事件处理

在使用 Qt 时，处理按键触发的键盘事件，需要用到事件触发响应。Qt 已经实现了这一系列的键盘事件，例如：

```
void QWidget::keyPressEvent(QKeyEvent *event)   //键盘按下事件
void QWidget::keyReleaseEvent(QKeyEvent *event) //键盘释放事件
```

这两个基本上能满足一般的需求了，但前提是控件已经获取焦点。具体怎么使用呢？

（1）在控件的头文件中进行声明。

```
//需要包含键盘事件的头文件
#include <QKeyEvent>

protected:
    virtual void keyPressEvent(QKeyEvent *ev);
    virtual void keyReleaseEvent(QKeyEvent *ev);
```

（2）在 .cpp 文件中实现相应的功能。

```
//键盘按下触发事件
void MainForm::keyPressEvent(QKeyEvent *ev)
{
    if(ev->key() == Qt::Key_F5)
    {
```

```
        qDebug()<<"F5 被按下了 ";
        return;
    }
    QWidget::keyPressEvent(ev);
}
//键盘释放触发事件
void MainForm::keyReleaseEvent(QKeyEvent *ev)
{
    if(ev->key() == Qt::Key_F5)
    {
        qDebug()<<"F5 被释放了 ";
        return;
    }
    QWidget::keyReleaseEvent(ev);
}
```

9.3 项目案例 2：鼠标事件处理

EventLabel 类继承了 QLabel 类，重写了 mousePressEvent()、mouseMoveEvent() 和 mouseReleaseEvent() 这 3 个函数，并没有添加什么功能，只是在鼠标按下(Press)、鼠标移动（Move）和鼠标释放（Release）的时候，把当前鼠标的坐标值显示在这个 Label 上。由于 QLabel 支持 HTML 代码，因此这里直接使用 HTML 代码来格式化文字，具体代码如下。

```
class EventLabel : public QLabel
{
protected:
    void mouseMoveEvent(QMouseEvent *event);
    void mousePressEvent(QMouseEvent *event);
    void mouseReleaseEvent(QMouseEvent *event);
};

void EventLabel::mouseMoveEvent(QMouseEvent *event)
{
    this->setText(QString("<center><h1>Move: (%1, %2)</h1></center>").arg
                (QString::number(event->x()), QString::number(event->y())));
}

void EventLabel::mousePressEvent(QMouseEvent *event)
{
    this->setText(QString("<center><h1>Press:(%1, %2)</h1></center>").arg
                (QString::number(event->x()), QString::number(event->y())));
}

void EventLabel::mouseReleaseEvent(QMouseEvent *event)
```

```
{
    QString msg;
    msg.sprintf("<center><h1>Release: (%d, %d)</h1></center>",
                event->x(), event->y());
    this->setText(msg);
}

int main(int argc, char *argv[])
{
    QApplication a(argc, argv);

    EventLabel *label = new EventLabel;
    label->setWindowTitle("MouseEvent Demo");
    label->resize(300, 200);
    label->show();

    return a.exec();

}
```

QString 的 arg() 函数可以自动替换 QString 中出现的占位符。占位符以 % 开始，后面是占位符的位置，例如 %1、%2 等。

例如，“QString("[%1, %2]").arg(x).arg(y);”将会使用 x 替换 %1，使用 y 替换 %2，因此生成的 QString 为 [x, y]。

在 mouseReleaseEvent() 函数中，使用了另一种 QString 的构造方法，即使用类似 C 语言风格的格式化函数 sprintf() 来构造 QString。

运行鼠标事件的 3 个处理函数代码后，当单击一下鼠标，QLabel 上将显示鼠标当前坐标值。

为什么要单击鼠标之后才能在 mouseMoveEvent() 函数中显示鼠标坐标值？这是因为 QWidget 中有一个 mouseTracking 属性，该属性用于设置是否追踪鼠标。只有鼠标被追踪时，mouseMoveEvent() 才会发出。如果 mouseTracking 是 false（默认），组件在单击至少一次鼠标之后，才能够被追踪，也就是能够发出 mouseMoveEvent() 事件。如果 mouseTracking 为 true，则 mouseMoveEvent() 直接可以被发出。需要在 main() 函数中添加如下代码。

```
label->setMouseTracking(true);
```

再运行程序就可以了。

9.4 事件过滤器

event() 函数主要用于事件的分发。所以，如果希望在事件分发之前做一些操作，就可以重写 event() 函数。例如，希望在一个 QWidget 组件中监听“Tab”键的按下，那么可以继承 QWidget，并重写它的 event() 函数来达到这个目的，代码如下。

```
bool CustomWidget::event(QEvent *e)
{
    if (e->type() == QEvent::KeyPress) {
        QKeyEvent *keyEvent = static_cast<QKeyEvent *>(e);
        if (keyEvent->key() == Qt::Key_Tab) {
            qDebug() << "You press tab.";
            return true;
        }
    }
    return QWidget::event(e);
}
```

CustomWidget 是一个普通的 QWidget 子类，重写了它的 event() 函数，这个函数有一个 QEvent 对象作为参数，也就是需要转发的事件对象。函数返回值是布尔类型。

如果传入的事件已被识别并且处理，则需要返回 true，否则返回 false。如果返回值是 true，那么 Qt 会认为这个事件已经处理完毕，不会再将这个事件发送给其他对象，而是会继续处理事件队列中的下一事件。

在 event() 函数中，调用事件对象的 accept() 和 ignore() 函数是没有作用的，不会影响事件的传播。

我们可以通过使用 QEvent::type() 函数检查事件的实际类型，其返回值是 QEvent::Type 类型的枚举。我们处理过自己感兴趣的事件之后，可以直接返回 true，表示已经对此事件进行了处理；对于其他不关心的事件，则需要调用父类的 event() 函数继续转发，否则这个组件就只能处理定义的事件了。

有时候，对象需要查看，甚至拦截发送到其他对象的事件。例如，对话框可能想要拦截键盘事件，不让其他组件接收到；或者要修改“Enter”键的默认处理。

Qt 创建了 QEvent 事件对象之后，会调用 QObject 的 event() 函数处理事件的分发。显然，我们可以在 event() 函数中实现拦截的操作。由于 event() 函数是 protected 的，因此需要继承已有类。如果组件很多，就需要重写很多个 event() 函数。这当然相当麻烦，更不用说重写 event() 函数还得小心一堆问题。好在 Qt 提供了另外一种机制来达到这一目的，也就是下面将要介绍的事件过滤器。

QObject 有一个 eventFilter() 函数，用于建立事件过滤器。该函数原型如下。

```
virtual bool QObject::eventFilter ( QObject * watched, QEvent * event );
```

正如其名字显示的那样，这个函数是一个“事件过滤器”。所谓事件过滤器，可以理解成一种过滤代码。事件过滤器会检查接收到的事件，如果这个事件自己是感兴趣的类型，就自己进行处理；如果不是，就继续转发。这个函数返回一个布尔值，如果想将参数 event 过滤出来，比如，不想让它继续转发，就返回 true，否则返回 false。事件过滤器的调用时间是目标对象（也就是参数里面的 watched 对象）接收到事件对象之前。也就是说，如果在事件过滤器中停止了某个事件，那么，watched 对象以及以后所有的事件过滤器根本不会知道这么一个事件。

9.5 项目案例 3：事件过滤处理

下面通过一个具体的案例对事件过滤处理进行说明，主要代码如下。

```
class MainWindow : public QMainWindow
{
public:
    MainWindow();
protected:
    bool eventFilter(QObject *obj, QEvent *event);
private:
    QTextEdit *textEdit;
};

MainWindow::MainWindow()
{
    textEdit = new QTextEdit;
    setCentralWidget(textEdit);

    textEdit->installEventFilter(this);

}

bool MainWindow::eventFilter(QObject *obj, QEvent *event)
{
    if (obj == textEdit) {
        if (event->type() == QEvent::KeyPress) {
            QKeyEvent *keyEvent = static_cast<QKeyEvent *>(event);
            qDebug() << "Ate key press" << keyEvent->key();
            return true;
        } else {
            return false;
        }
    } else {
        // pass the event on to the parent class
        return QMainWindow::eventFilter(obj, event);
    }
}
```

MainWindow 是定义的一个类，并重写了它的 eventFilter() 函数。为了过滤特定组件上的事件，首先需要判断这个对象是不是自己感兴趣的组件，然后判断这个事件的类型。在上面的代码中，不想让 textEdit 组件处理键盘按下的事件。所以，首先找到这个组件，如果这个事件是键盘事件，则直接返回 true，也就是过滤了这个事件，其他事件继续处理，所以返回 false。对于其他组件，并不能保证是不是还有过滤器，于是最保险的办法是调用父类的函数。

eventFilter() 函数相当于创建了过滤器，然后需要安装这个过滤器。安装过滤器需要调用 QObject::installEventFilter() 函数。函数的原型如下。

```
void QObject::installEventFilter ( QObject * filterObj )
```

这个函数接受一个 QObject * 类型的参数。由于 eventFilter() 函数是 QObject 的一个成员函数，因此，任意 QObject 都可以作为事件过滤器（问题在于，如果没有重写 eventFilter() 函数，这个事件过滤器是没有任何作用的，因为默认什么都不会过滤）。已经存在的过滤器则可以通过 QObject::removeEventFilter() 函数移除。

可以在一个对象上安装多个事件处理器，只要调用多次 installEventFilter() 函数即可。如果一个对象存在多个事件过滤器，那么最后一个安装的会第一个执行，也就是遵循后进先执行的顺序。

还记得前面的那个例子吗？前面使用 event() 函数处理了“Tab”键按下事件。如果使用事件过滤器，则代码如下。

```
bool FilterObject::eventFilter(QObject *object, QEvent *event)
{
    if (object == target && event->type() == QEvent::KeyPress)
{
        QKeyEvent *keyEvent = static_cast<QKeyEvent *>(event);
        if (keyEvent->key() == Qt::Key_Tab) {
            qDebug() << "You press tab.";
            return true;
        } else {
            return false;
        }
    }
    return false;
}
```

事件过滤器的强大之处在于，可以为整个应用程序添加一个事件过滤器。installEventFilter() 函数是 QObject 的函数，QApplication 或者 QCoreApplication 对象都是 QObject 的子类，因此，可以向 QApplication 或者 QCoreApplication 添加事件过滤器。这种全局的事件过滤器将会在所有其他特性对象的事件过滤器之前调用。尽管全局的事件过滤器很强大，但这种行为会严重降低整个应用程序的事件分发效率。因此，除非是不得不使用的情况，否则不应该这么做。

值得注意的问题是，事件过滤器和被安装过滤器的组件必须在同一线程，否则过滤器将不起作用。另外，如果在安装过滤器之后，这两个组件到了不同的线程，那么只有等到二者重新回到同一线程的时候过滤器才会有效。

本章介绍了在 Qt 中的事件机制，每一种事件对应一个事件处理器，发生事件时会生成一个 QEvent 对象，需要 event() 函数进行分发，来调用相应的事件处理器。事件过滤器可以对事件进行拦截，阻止其传播，从而实现某些功能。

第10章 绘图和绘图设备

绘图是指通过计算机软件用鼠标、手写板或者键盘进行数码绘图，实现数字图像保存。绘图设备可以被理解成在哪里绘制，即将图像画在什么地方。Qt 提供了强大的绘图系统，可以使用同一应用程序接口（Application Programming Interface，API）在显示设备（如显示器）和绘图设备上进行绘制。

【目标任务】

熟悉并掌握 Qt 的绘图系统 QPainter。

【知识点】

- QPainter 概念。
- QPainter 的设定。
- QPainter 绘图的使用方法。
- 坐标变换（Coordinate Transformation）操作。
- 多种图像叠加方法。
- 图像存取方法。

【项目实践】

UOS 画板程序：具有打开和保存图片，绘制以及移动直线、矩形、椭圆等图形，支持撤销、右键快捷菜单等功能。

10.1 QPainter 概述

Qt 的绘图系统允许使用相同的 API 在屏幕和其他绘图设备上进行绘制。整个绘图系统基于 QPainter、QPaintDevice、QPaintEngine 这 3 个类。图 10-1 给出了这 3 个类之间的关系。QPainter 用来执行绘制的操作；QPaintDevice 是一个二维空间的抽象，允许 QPainter 在这个二维空间进行绘图，也就是 QPainter 工作的空间；QPaintEngine 提供了 QPainter 在不同的设备上进行绘图的统一接口。QPaintEngine 应用于 QPainter 和 QPaintDevice 之间，通常对开发人员是透明的，除非需要自定义一个设备，否则开发人员不需要关心 QPaintEngine 这个类。可以把 QPainter 理解成画笔；把 QPaintDevice 理解成画笔绘制的地方，比如纸张、屏幕等；而对于纸张、屏幕而言，肯定要使用不同的画笔绘制，QPaintEngine 类可让不同的纸张、屏幕都能使用一种画笔。

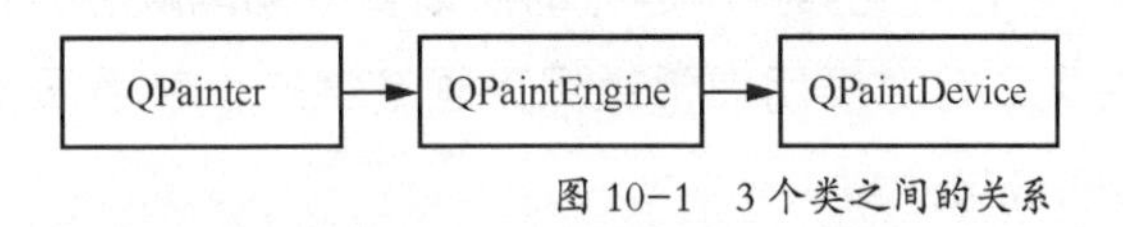

图 10-1　3 个类之间的关系

Qt 的绘图系统实际上是使用 QPainter 在 QPaintDevice 上进行绘制，它们之间使用 QPaintEngine 进行通信（也就是翻译 QPainter 的指令）。

10.2 设定 QPainter

下面通过绘制直线、矩形和椭圆的实例来介绍 QPainter 的设定。

新建一个类 PaintedWidget，其头文件如下。

```
class PaintedWidget : public QWidget
{
    Q_OBJECT
public:
    PaintedWidget(QWidget *parent = 0);
protected:
    void paintEvent(QPaintEvent *);
}
```

注意需重写 QWidget 的 paintEvent() 函数。

接下来就是 PaintedWidget 的代码，用来对 QPainter 的基本属性进行设定。

```
PaintedWidget::PaintedWidget(QWidget *parent) :
    QWidget(parent)
{
    resize(800, 600);
    setWindowTitle(tr("Paint Demo"));
}
```

```
void PaintedWidget::paintEvent(QPaintEvent *)
{
    QPainter painter(this);
    painter.drawLine(80, 100, 650, 500);
    painter.setPen(Qt::red);
    painter.drawRect(10, 10, 100, 400);
    painter.setPen(QPen(Qt::green, 5));
    painter.setBrush(Qt::blue);
    painter.drawEllipse(50, 150, 400, 200);
}
```

在构造函数中，仅仅设置了窗口，大小为 800×600，标题为 Paint Demo。

paintEvent() 函数则是绘制函数。首先，在栈上创建一个 QPainter 对象，每次运行 paintEvent() 函数都会重建这个 QPainter 对象。注意，这一点可能会引发某些细节问题：由于每次都重建 QPainter，因此第一次运行时所设置的画笔颜色、状态等，在第二次进入这个函数时就会全部丢失。有时候用户希望保存画笔状态，就必须自己保存数据，否则需要将 QPainter 作为类的成员变量。

QPainter 接收一个 QPaintDevice 指针作为参数。QPaintDevice 有很多子类，比如 QImage、QWidget。读者可以回忆一下，QPaintDevice 可以理解成要在哪里绘制，而现在希望绘制在这个组件中，因此传入的是 this 指针。

QPainter 有很多以 draw 开头的函数，用于各种图形的绘制，比如 drawLine() 用于绘制线，drawRect() 用于绘制矩形以及 drawEllipse() 用于绘制椭圆等。当绘制轮廓线时，使用 QPainter 的 pen() 函数。比如调用 painter.setPen(Qt::red) 将画笔颜色设置为红色，则下面绘制的矩形具有红色的轮廓线。接下来，将画笔颜色修改为绿色，5 像素宽（painter.setPen(QPen(Qt::green, 5))），又设置了画刷为蓝色。这时再调用 drawEllipse() 函数，则绘制的是具有 5 像素宽绿色轮廓线、蓝色填充的椭圆。

10.3 使用 QPainter 绘图

绘图系统由 QPainter 完成具体的绘制操作，QPainter 类提供了大量高度优化的函数来完成 GUI 编程所需要的大部分绘制工作。它几乎可以绘制一切用户想要的图形，从最简单的一条直线到复杂的图形，例如点、线、矩形、弧形、饼状图、多边形、贝塞尔曲线等。此外，QPainter 也支持一些高级特性，例如反走样（针对文字和图形边缘）、像素混合、渐变填充和矢量路径等；QPainter 也支持线性变换，例如平移、旋转、缩放。

QPainter 包含 3 个主要的设置，分别为画笔（QPen）、画刷（QBrush）和字体（QFont）。

- 画笔：绘制线和边缘，包含颜色、宽度、线型、拐点风格以及连接风格。
- 画刷：填充几何形状的图案。它一般由颜色和风格组成，但也可以是纹理（一个不断重复的图像）或者渐变。

● 字体：绘制文字，包含字体族、磅值等属性。

QPainter 一般在部件的绘图事件 paintEvent() 中进行绘制，首先创建 QPainter 对象，然后进行图形的绘制，最后销毁 QPainter 对象。当窗口程序需要升级或者重新绘制时，使用 repaint() 和 update() 后会调用函数 paintEvent() 进行重绘。

绘制直线的示例代码如下：

```
void MainWindow::paintEvent(QPaintEvent *event)
{
    Q_UNUSED(event);

    QPainter painter(this);
    // 反走样
    painter.setRenderHint(QPainter::Antialiasing, true);
    // 设置画笔颜色
    painter.setPen(QColor(0, 160, 230));
    // 绘制直线
    painter.drawLine(QPointF(0, height()), QPointF(width()/2, height()/2));

}
```

setRenderHint() 用来设置反走样，否则绘制的线条会出现锯齿。调用 setPen() 来设置画笔颜色，此处设置的是淡蓝色。最后调用 drawLine() 实现直线的绘制，其中 QPointF(0,height()) 是直线的起点坐标，QPointF(width()/2,height()/2) 是直线的终点坐标。

绘制矩形的示例代码如下。

```
void MainWindow::paintEvent(QPaintEvent *event)
{
    Q_UNUSED(event);

    QPainter painter(this);

    // 反走样
    painter.setRenderHint(QPainter::Antialiasing, true);
    // 设置画笔颜色、宽度
    painter.setPen(QPen(QColor(0, 160, 230), 2));
    // 设置画刷颜色
    painter.setBrush(QColor(255, 160, 90));
    painter.drawRect(50, 50, 160, 100);

}
```

使用 setPen() 将画笔颜色设置为淡蓝色、宽度设置为 2 像素，用来绘制矩形区域的边框；使用 setBrush() 设置画刷的颜色为橙色，用来填充矩形区域；调用 drawRect() 实现矩形的绘制，其中参数依次为 x、y、w、h，指矩形区域从 x 为 50、y 为 50 的坐标点开始绘制，宽度为 160、高度为 100。

绘制椭圆和圆的示例代码如下。

```
void MainWindow::paintEvent(QPaintEvent *event)
{
    Q_UNUSED(event);

    QPainter painter(this);
    // 反走样
    painter.setRenderHint(QPainter::Antialiasing, true);
    // 设置画笔颜色、宽度
    painter.setPen(QPen(QColor(0, 160, 230), 2));
    // 绘制椭圆
    painter.drawEllipse(QPointF(120, 60), 50, 20);
    // 设置画刷颜色
    painter.setBrush(QColor(255, 160, 90));
    // 绘制圆
    painter.drawEllipse(QPointF(120, 140), 40, 40);
}
```

这里绘制了一个椭圆和一个圆，都是调用 drawEllipse() 接口实现。可以发现，如果为椭圆，最后两个参数不同，而圆则相同。QPointF() 是指椭圆的中心点相对当前窗体 QPoint(0,0) 点的位置，最后两个参数分别是椭圆的 x 轴及 y 轴的半径。如果 x 轴和 y 轴的半径相同，则为圆。

绘制多边形的示例代码如下。

```
void MainWindow::paintEvent(QPaintEvent *event)
{
    Q_UNUSED(event);

    QPainter painter(this);
    // 反走样
    painter.setRenderHint(QPainter::Antialiasing, true);
    // 设置画笔颜色
    painter.setPen(QColor(0, 160, 230));
    // 各个点的坐标
    static const QPointF points[4] = {QPointF(30, 40), QPointF(60, 150),
                                      QPointF(150, 160), QPointF(220, 100)};
    // 绘制多边形
    painter.drawPolygon(points, 4);

}
```

定义一系列坐标点的位置，这里有 4 个点，分别为 QPointF(30,40)、QPointF(60,150)、QPointF(150,160)、QPointF(220,100)，然后调用 drawPolygon() 将各个点连接起来，即可绘制出多边形。

绘制文本的示例代码如下。

```
void MainWindow::paintEvent(QPaintEvent *event)
{
    Q_UNUSED(event);
```

```
    QPainter painter(this);
    // 设置画笔颜色
    painter.setPen(QColor(0, 160, 230));

    // 设置字体：微软雅黑、点大小 50、斜体
    QFont font;
    font.setFamily("Microsoft YaHei");
    font.setPointSize(50);
    font.setItalic(true);
    painter.setFont(font);
    // 绘制文本
    painter.drawText(rect(), Qt::AlignCenter, "Qt");

}
```

通过使用 QFont 来设置想要的字体，setFamily() 将字体设置为微软雅黑、setPointSize() 设置点大小为 50、setItalic() 设置为斜体，然后通过 setFont() 来设置字体，最后调用 drawText() 来实现文本的绘制。这里的 rect() 是指当前窗体的显示区域，Qt::AlignCenter 指文本居中绘制。

10.4 坐标变换操作

在一个绘图设备的默认坐标系统中，原点 (0,0) 在其左上角，x 轴向右增长，y 轴向下增长。逻辑坐标与绘图设备的物理坐标之间的映射由 QPainter 的变换矩阵函数 worldTransform()、视口函数 viewport() 和窗口函数 window() 来处理。

其中视口（Viewport）表示物理坐标下指定的一个任意矩形，而窗口（Window）表示逻辑坐标下的相同矩形。默认情况下逻辑坐标和物理坐标是重合的。

窗口代表要处理的逻辑区域，始终以视口（物理）坐标为最终目标进行映射，其大小和逻辑位置可以通过 QPainter::setWindow() 设置，但是无论大小和逻辑位置设置为什么数值，始终代表着整个视口。

例如有一个实际大小为 200 像素 ×200 像素的窗口，那么原始状态之下窗口大小也是 200 像素 ×200 像素，视口大小也是 200 像素 ×200 像素。现在在 (0,0) 位置画一个大小为 100 像素 ×100 像素的矩形的时候，矩形的面积会占视口左上角的 1/4。

```
painter.drawRect(0,0,100,100);
```

这时候如果通过 QPainter::setWindow 修改了窗口位置和大小，例如 setWindow (−50,−50,100,100)，设置完成后，窗口代表的还是整个视口（物理），但是映射的数值有所不同：此时窗口的逻辑坐标 (−50,−50) 对应视口（物理）坐标的 (0,0)，而窗口的逻辑大小成了 100×100 的单位长度，也就是用 100 个单位长度代表原本物理大小的 200 像素，所以每一个单位长度就是实际的 2 像素。

因为QPainter是以窗口(逻辑)坐标为基础的，所以这时候画一个位置为(-50,-50)，宽、高分别为50、50的矩形。

```
painter.drawRect(-50,-50,50,50);
```

效果还是和以前画的一样，即将窗口（逻辑）宽100像素映射成视口（物理）宽200像素，窗口高100像素映射成视口高200像素，窗口-50、-50映射成视口的0、0。

现在来改变视口的属性。上文的语句 painter.drawRect(0,0,100,100); 把视口的坐标设置为绘图区的左上角 (0,0) 位置，大小设置为绘图区的一半，因为绘图区是200像素×200像素，而把视口设置为100像素×100像素，即现在实际的绘图区占据绘图设备左上角的1/4。也就是说，将视口宽100像素映射成窗口宽200像素，视口高100像素映射成窗口高200像素。此时再用如下代码画一个矩形，实际显示是怎么样的呢？

```
painter.drawRect(0,0,100,100);
```

绘制出来的为绘图设备的1/16了，为什么会这样呢？前面讲过窗口坐标始终以视口坐标为最终目标进行映射，而原来没有经过修改的窗口的属性为以左上角为原点，大小为200×200单位长度，修改视口大小为100像素×100像素后，窗口的200单位长度就映射到100像素的视口长度上，即每一单位长度为0.5像素，所以绘制出来的结果就是100像素×0.5=50像素，长和高都是绘图设备的1/4，面积就是1/16了。

Qt 中的基本变换函数如下。

- QPainter::scale()：缩放坐标系统。
- QPainter::rotate()：顺时针旋转坐标系统。
- QPainter::translate()：平移坐标系统。
- QPainter::shear()：围绕原点来扭曲坐标系统。
- QPainter::save()：保存 QPainter 的变换矩阵。
- QPainter::restore()：恢复坐标系。

QTransform 用于控制指定坐标系的二维（2D）变换——平移、缩放、扭曲（剪切）、旋转或投影坐标系，通常在绘制图形时使用。

QTransform 与 QMatrix 的不同之处在于，它是一个真正的3×3矩阵，允许视角变换，QTransform 的 toAffine() 方法允许将 QTransform 变换到 QMatrix。如果视角变换已在矩阵指定，则变换将导致数据丢失。

下面是变换的示例代码。

```
void MainWindow::paintEvent(QPaintEvent *event)
{
    Q_UNUSED(event);

    QPainter painter(this);
```

```
    // 反走样
    painter.setRenderHint(QPainter::Antialiasing, true);

    QTransform transform;

    // 平移
    transform.translate(120, 20);
    // 旋转
    transform.rotate(45, Qt::XAxis);
    // 缩放
    transform.scale(0.5, 0.5);
    // 横向扭曲
    transform.shear(0.5, 0);
    painter.setTransform(transform);
    painter.drawPixmap(QRect(0, 0, 150, 150), QPixmap(":/Images/logo"));

}
```

10.5 混合模式

如果需要将图形与图像[1]融合显示，那么就需要用到 Qt 的 QPainter::CompositionMode，其提供了多种图像叠加的模式，常见的模式有以下几种。

- QPainter::CompositionMode_SourceOver：默认模式。源像素混合在目标像素的上面。
- QPainter::CompositionMode_SourceAtop：源像素在目标像素的上面进行混合，源像素的阿尔法通道减去目标像素的阿尔法通道。
- QPainter::CompositionMode_DestinationOver：第一幅图片为掩盖，与第二幅图片合成。此模式与 CompositionMode_SourceOver 相反。
- QPainter::CompositionMode_DestinationAtop：掩盖不起作用。此模式与 CompositionMode_SourceAtop 相反。

现在通过代码描述 CompositionMode_DestinationOver 模式应用效果。

```
void MainWindow::paintEvent(QPaintEvent *e)
{
    QImage * newImage = new QImage(m_img);
    QImage * mask = new QImage(m_mask);


    QPainter painter;

    painter.begin(mask);


painter.setCompositionMode(QPainter::CompositionMode_DestinationOver);
```

[1] 图形是矢量，基本元素是图元、图形指令；图像是位图，基本元素是像素。

```
        painter.drawImage(0, 0, * newImage);

        painter.end();

        painter.begin(this);
        painter.drawImage(e->rect(), * mask);
        painter.end();

        delete mask;
        delete newImage;

    }
```

10.6 图像文件的存取

Qt 可以很方便地对图像文件进行存储，Qt 一共提供了 4 个图像处理的类，具体介绍如下。

- QPixmap：专门为图像在屏幕上的显示做了优化。
- QBitmap：QPixmap 的一个子类，它的色深度限定为 1，可以使用 QPixmap 的 isQBitmap() 函数来确定这个 QPixmap 是不是一个 QBitmap。
- QImage：专门为图像的像素级访问做了优化。
- QPicture：记录和重现 QPainter 的各条命令。

1. QPixmap

QPixmap 继承自 QPaintDevice，因此可以使用 QPainter 直接在上面绘制图形。QPixmap 也可以接受一个字符串作为一个文件的路径来显示该文件，比如想在程序之中打开 .png、.jpeg 之类的文件，就可以使用 QPixmap。使用 QPainter 的 drawPixmap() 函数可以把这个文件绘制到 QLabel、QPushButton 或者其设备上面。QPixmap 是针对屏幕进行特殊优化的，因此它与实际的底层显示设备息息相关。注意，这里说的显示设备并不是硬件，而是操作系统提供的原生的绘图引擎，所以在不同的操作系统平台下，QPixmap 的显示可能会有所差别。

2. QBitmap

QBitmap 继承自 QPixmap，因此具有 QPixmap 的所有特性，提供单色图像。QBitmap 的色深度始终为 1。色深度这个概念来自计算机图形学，是指用于表现颜色的二进制的位数。我们知道，计算机里面的数据都是使用二进制表示的，表示一种颜色也会使用二进制。比如要表示 8 种颜色，需要用 3 个二进制位（位），这时就说色深度是 3。所谓色深度为 1，也就是使用 1 个二进制位表示颜色。1 个二进制位只有两种状态（0 和 1），因此它所表示的颜色就有两种（黑和白）。所以 QBitmap 实际上是只有黑、白两色的图像数据。

由于 QBitmap 色深度小，因此只占用很少的存储空间，适合做鼠标指针外观文件和笔刷，具体使用代码如下。

```
void PaintWidget::paintEvent(QPaintEvent *)
{
    QPixmap pixmap(":/Image/butterfly.png");
    QPixmap pixmap1(":/Image/butterfly1.png");
    QBitmap bitmap(":/Image/butterfly.png");
    QBitmap bitmap1(":/Image/butterfly1.png");

    QPainter painter(this);
    painter.drawPixmap(0, 0, pixmap);
    painter.drawPixmap(200, 0, pixmap1);
    painter.drawPixmap(0, 130, bitmap);
    painter.drawPixmap(200, 130, bitmap1);

}
```

图 10-2 下面两张图片为对上面两张应用 QPixmap 和 QBitmap 后的图片，其中 butterfly1.png 是透明的背景，而 butterfly.png 具有白色的背景。这里分别使用 QPixmap 和 QBitmap 来加载它们。注意看它们的区别：白色的背景在 QBitmap 中消失了，而透明的背景在 QPixmap 中转换成了黑色；其他颜色则使用点的疏密程度来体现。

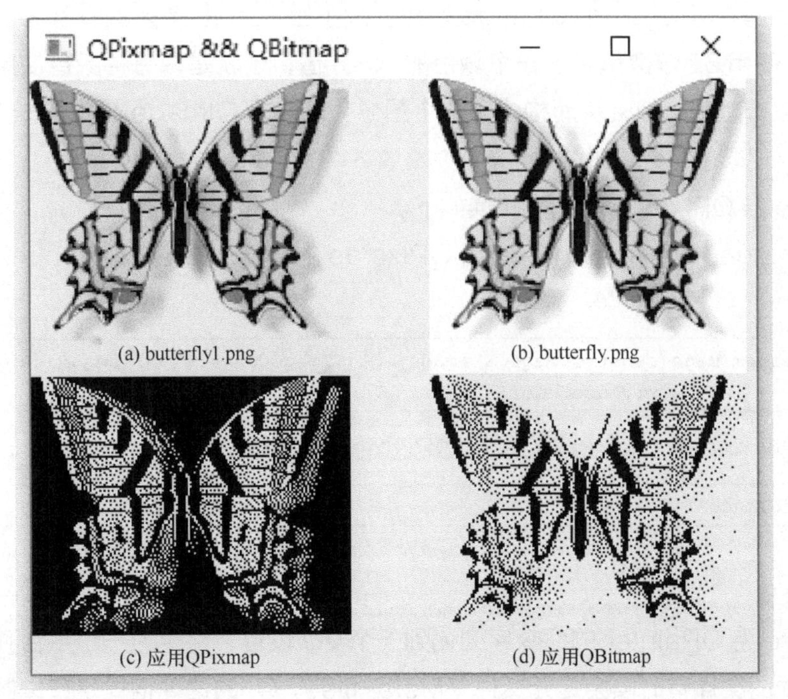

图 10-2 应用 QPixmap 和 QBitmap 效果示例

3. QImage

QImage 使用独立于硬件的绘制系统，提供了像素级别的操作，并且能够在不同系统之上提供一致的显示形式，具体代码如下。

```
void PaintWidget::paintEvent(QPaintEvent *)
{
    QPainter painter(this);
    QImage image(300, 300, QImage::Format_RGB32);
    QRgb value;

    // 将图片背景填充为白色
    image.fill(Qt::white);

    // 改变指定区域的像素点的值
    for(int i=50; i<100; ++i)
    {
        for(int j=50; j<100; ++j)
        {
            value = qRgb(255, 0, 0); // 红色
            image.setPixel(i, j, value);
        }
    }

    // 将图片绘制到窗口中
    painter.drawImage(QPoint(0, 0), image);

}
```

上面的代码中声明了一个 QImage 对象，大小是 300 像素 ×300 像素，颜色模式是 RGB32，即使用 32 位数值表示一个颜色的 RGB 值，也就是说每种颜色使用 8 位。然后对每个像素进行颜色赋值，从而构成了这个图像。可以把 QImage 想象成一个 RGB 颜色的二维数组，记录了每一像素的颜色。

QImage 与 QPixmap 之间的转换如下。

（1）QImage 转 QPixmap：使用 QPixmap 的静态成员函数 fromImage()，其原型函数如下。

```
Qpixmap.fromImage(const QImage & image, Qt::ImageConversionFlags flags =
            Qt::AutoColor)
```

（2）QPixmap 转 QImage：使用 QPixmap 类的成员函数 toImage()。

```
QImage toImage() const
```

4. QPicture

QPicture 将 QPainter 的命令序列化到一个 I/O 设备，保存为一个平台独立的文件格式。这种格式的文件有时候会是元文件（Meta-file）。Qt 的这种格式是二进制的，不同于某些本地的元文件，Qt 的图像文件没有内容上的限制，只要是能够被 QPainter 绘制的元素，不论是字体还是像素图，或者是变换，都可以保存进一个绘图控件中。

要记录 QPainter 的命令，首先要使用 QPainter::begin() 函数，将 QPicture 实例

作为参数传递进去，以便告诉系统开始记录，记录完毕后使用 QPainter::end() 命令终止。具体使用代码示例如下。

```
void PaintWidget::paintEvent(QPaintEvent *)
{
    QPicture pic;
    QPainter painter;
    // 将图像绘制到 QPicture 中，并保存到文件
    painter.begin(&pic);
    painter.drawEllipse(20, 20, 100, 50);
    painter.fillRect(20, 100, 100, 100, Qt::red);
    painter.end();
    pic.save("D:\\drawing.pic");

    // 将保存的绘图动作重新绘制到设备上
    pic.load("D:\\drawing.pic");
    painter.begin(this);
    painter.drawPicture(200, 200, pic);
    painter.end();

}
```

10.7 项目案例：UOS 画板程序

画板是一款简单的绘图工具，支持打开和保存图片，绘制以及移动直线、矩形、椭圆等，支持撤销、右键快捷菜单等功能。使用画板，用户可以对本地图片进行编辑，也可以绘制一张图片。画板程序界面如图 10-3 所示，画板上方的工具栏用于控制绘制不同图形时的属性设置，中间是绘图区域。

首先了解程序中的类和文件，程序中的类和文件结构如图 10-4 所示，其中主要包含 MyPaint 类和资源文件。

图 10-3　画板程序界面

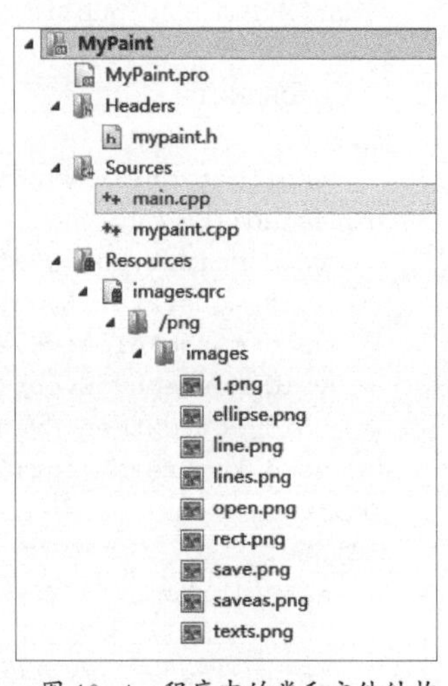

图 10-4　程序中的类和文件结构

下面对程序中的功能和代码进行解释和说明，首先设置绘图背景，然后创建工具栏，定义工具栏按钮对应的动作，然后连接信号与槽函数。在绘图过程中，依次将已绘制的图形取出绘制，具体包括绘制矩形、绘制椭圆、绘制直线、添加文字等，然后添加右击对应动作。

主程序代码如下。

```
#include <QApplication>
#include "mypaint.h"

int main(int argc,char* argv[])
{
    QApplication app(argc,argv);
    MyPaint *w = new MyPaint();//创建窗体
    w->setWindowIcon(QIcon(":/png/images/1.png"));//调用资源文件
    w->show();
    return app.exec();
}
```

添加的 MyPaint 类头文件 mypaint.h 如下。

```
#ifndef MYPAINT_H
#define MYPAINT_H

#include <QMainWindow>
#include <QPaintEvent>
#include <QMouseEvent>
#include <QPainter>
#include <QVector>
#include <QPoint>
#include <QToolBar>
#include <QAction>
#include <QPalette>
#include <QColor>
#include <QMenu>
#include <QFileDialog>
#include <QTextEdit>

class MyPaint : public QMainWindow
{
    Q_OBJECT
public:
    explicit MyPaint(QWidget *parent = 0);
protected:
    void paintEvent(QPaintEvent *);//重写窗体重绘事件
    void mousePressEvent(QMouseEvent *);//重写鼠标按下事件
    void mouseReleaseEvent(QMouseEvent *);//重写鼠标释放事件
    void mouseMoveEvent(QMouseEvent *);//重写鼠标移动事件
    void contextMenuEvent(QContextMenuEvent *);//重写菜单事件
    void keyPressEvent(QKeyEvent *e); //重写键盘事件
public:
private:
    int _lpress;//左键按下标志
    int _drag;//拖曳标志
    int _drawType;//描绘类型
```

```
    QMenu *_Rmenu;// 右键快捷菜单
    int _openflag;// 打开图片
    QPixmap _pixmap;// 画布图片
    QTextEdit *_tEdit;// 文本框
public:
    QVector<QVector<QPoint> > _lines;// 线条集合(一条线可包含多个线段)
    QVector<QRect> _rects;// 矩形集合
    QVector<QRect> _ellipse;// 椭圆集合
    QVector<QRect>  _line;// 直线集合
    QVector<QString>  _text;// 文字集合
    QVector<QPoint>  _tpoint;// 文字位置集合
    QVector<int>  _shape;// 图形类型集合,用于撤回功能
    QPoint _begin;// 鼠标单击后获取坐标,用于最后一个图形移动
signals:

public slots:
    void Lines();// 铅笔画线
    void SavePic();// 保存图片
    void Rects();// 绘制矩形
    void Ellipses();// 绘制椭圆
    void Line();// 绘制直线
    void OpenPic();// 打开图片
    void Texts();// 文字
    void AddTexts();// 添加文字
};

#endif // MYPAINT_H
```

添加的 MyPaint 类源文件 mypaint.cpp 如下。

```
#include "mypaint.h"
#include <QDebug>
MyPaint::MyPaint(QWidget *parent) :
    QMainWindow(parent)
{
     _lpress = false;// 初始鼠标左键未按下
     _drawType = 0;// 初始什么都不画
     _drag = 0;// 默认非拖曳模式
     _begin = pos();// 拖曳的参考坐标,方便计算位移
     _openflag = 0;// 初始不打开图片
     _tEdit = new QTextEdit(this);// 初始化文本框
     _tEdit->hide();// 隐藏
     this->setGeometry(350,200,600,400);// 设置窗体大小、位置
     setMouseTracking(true);// 开启鼠标实时追踪,监听鼠标移动事件,默认只有按下时才监听
     // 设置背景颜色
     // 方法一
     // QPalette palt(this->palette());
     // palt.setColor(QPalette::Background, Qt::white);
     // this->setAutoFillBackground(true);
     // this->setPalette(palt);
     // 方法二
       this->setStyleSheet("background-color:white;");

    // 创建工具栏
```

```
QToolBar *tbar = addToolBar(tr(" 工具栏 "));
tbar->setMovable(false);// 工具栏不可移动
tbar->setIconSize(QSize(16, 16));// 设置动作图标的尺寸
tbar->setStyleSheet("background-color:rgb(199,237,204)");// 背景色

_Rmenu = new QMenu(this);// 创建右键快捷菜单
_Rmenu->addAction(tr(" 保存  \tCtrl+S"), this, SLOT(SavePic()));// 添加菜单动作
_Rmenu->addAction(tr(" 退出  \tAlt+F4"), this, SLOT(close()));// 添加菜单动作
_Rmenu->setStyleSheet("background-color:rgb(199,237,204)");// 设置背景色

QAction *openAction = new QAction(tr("& 打开 "), this);// 打开动作
openAction->setIcon(QIcon(":/png/images/open.png"));// 图标
openAction->setShortcut(QKeySequence(tr("Ctrl+O")));// 快捷键
tbar->addAction(openAction);// 添加到工具栏

QAction *saveAction = new QAction(tr("& 保存 "), this);// 保存动作
saveAction->setIcon(QIcon(":/png/images/save.png"));// 图标
saveAction->setShortcut(QKeySequence(tr("Ctrl+S")));// 快捷键
tbar->addAction(saveAction);// 添加到工具栏

QAction *saveasAction = new QAction(tr("& 另存为 "), this);// 保存动作
saveasAction->setIcon(QIcon(":/png/images/saveas.png"));// 图标
saveasAction->setShortcut(QKeySequence(tr("Ctrl+Alt+S")));// 快捷键
tbar->addAction(saveasAction);// 添加到工具栏

QAction *lineAction = new QAction(tr("& 直线 "), this);// 直线动作
lineAction->setIcon(QIcon(":/png/images/line.png"));// 图标
lineAction->setShortcut(QKeySequence(tr("Ctrl+L")));// 快捷键
tbar->addAction(lineAction);// 添加到工具栏

QAction *linesAction = new QAction(tr("& 铅笔 "), this);// 铅笔动作
linesAction->setIcon(QIcon(":/png/images/lines.png"));// 图标
linesAction->setShortcut(QKeySequence(tr("Ctrl+P")));// 快捷键
tbar->addAction(linesAction);// 添加到工具栏

QAction *rectAction = new QAction(tr("& 矩形 "), this);// 矩形动作
rectAction->setIcon(QIcon(":/png/images/rect.png"));// 图标
rectAction->setShortcut(QKeySequence(tr("Ctrl+R")));// 快捷键
tbar->addAction(rectAction);

QAction *ellipseAction = new QAction(tr("& 椭圆 "), this);// 椭圆动作
ellipseAction->setIcon(QIcon(":/png/images/ellipse.png"));// 图标
ellipseAction->setShortcut(QKeySequence(tr("Ctrl+E")));// 快捷键
tbar->addAction(ellipseAction);

QAction *textAction = new QAction(tr("& 文字 "), this);// 文字动作
textAction->setIcon(QIcon(":/png/images/texts.png"));// 图标
textAction->setShortcut(QKeySequence(tr("Ctrl+T")));// 快捷键
tbar->addAction(textAction);

// 连接信号和槽函数
connect(linesAction, SIGNAL(triggered()), this, SLOT(Lines()));
connect(rectAction, SIGNAL(triggered()), this, SLOT(Rects()));
```

```
    connect(ellipseAction, SIGNAL(triggered()), this, SLOT(Ellipses()));
    connect(lineAction, SIGNAL(triggered()), this, SLOT(Line()));
    connect(saveAction, SIGNAL(triggered()), this, SLOT(SavePic()));
    connect(openAction, SIGNAL(triggered()), this, SLOT(OpenPic()));
    connect(textAction, SIGNAL(triggered()), this, SLOT(Texts()));
    connect(_tEdit, SIGNAL(textChanged()), this, SLOT(AddTexts()));

}

void MyPaint::paintEvent(QPaintEvent *)
{
    if(_openflag == 0)// 如不是打开图片，则每一次新建一个空白的画布
    {
        _pixmap = QPixmap(size());// 新建 pixmap
        _pixmap.fill(Qt::white);// 背景色填充为白色
    }
    QPixmap pix = _pixmap;// 以 _pixmap 作为画布
    QPainter p(&pix);
    unsigned int i1=0,i2=0,i3=0,i4=0,i5=0;// 各种图形的索引

   for(int c = 0;c<_shape.size();++c)// 控制用户当前所绘图形总数
   {
        if(_shape.at(c) == 1)// 线条
        {
               const QVector<QPoint>& line = _lines.at(i1++);// 取出一条线
               for(int j=0; j<line.size()-1; ++j)// 将线条的所有线段描绘出来
               {
                   p.drawLine(line.at(j), line.at(j+1));
               }
        }
        else if(_shape.at(c) == 2)// 矩形
        {
              p.drawRect(_rects.at(i2++));
        }
        else if(_shape.at(c) == 3)// 椭圆
        {
             p.drawEllipse(_ellipse.at(i3++));
        }
        else if(_shape.at(c) == 4)// 直线
        {
             p.drawLine(_line.at(i4).topLeft(),_line.at(i4).bottomRight());
             i4++;
        }
        else if(_shape.at(c) == 5)// 文本
        {
             p.drawText(_tpoint.at(i5),_text.at(i5));
             i5++;
        }
    }
    p.end();
    p.begin(this);// 将当前窗体作为画布
    p.drawPixmap(0,0, pix);// 将 pixmap 画到窗体
```

```
}

void MyPaint::mousePressEvent(QMouseEvent *e)
{
    if(e->button() == Qt::LeftButton)//当鼠标左键按下
    {
        if(_drawType == 1)//线条(铅笔)
        {
            _lpress = true;//左键按下标志
            QVector<QPoint> line;//鼠标按下，开始绘制新的线条
            _lines.append(line);//将新线条添加到线条集合
            QVector<QPoint>& lastLine = _lines.last();//获取新线条
            lastLine.append(e->pos());//记录鼠标的坐标(新线条的开始坐标)
            _shape.append(1);
        }
        else if(_drawType == 2)//矩形
        {
            _lpress = true;//左键按下标志
            if(!_drag)//非拖曳模式
            {
                QRect rect;//鼠标按下，开始绘制矩形
                _rects.append(rect);//将新矩形添加到矩形集合
                QRect& lastRect = _rects.last();//获取新矩形
                lastRect.setTopLeft(e->pos());//记录鼠标的坐标(新矩形的左上角坐标)
                _shape.append(2);
            }
            else if(_rects.last().contains(e->pos()))//拖曳模式，如果在矩形内按下
            {
                _begin = e->pos();//记录拖曳开始的坐标位置，方便计算位移

            }

        }
        else if(_drawType == 3)//椭圆
        {
            _lpress = true;//左键按下标志
            if(!_drag)//非拖动模式
            {
                QRect rect;//鼠标按下，开始绘制椭圆
                _ellipse.append(rect);//将新椭圆添加到椭圆集合
                QRect& lastEllipse = _ellipse.last();//获取新椭圆
                lastEllipse.setTopLeft(e->pos());//记录鼠标的坐标(新椭圆的左上角坐标)
                _shape.append(3);
            }
            else if(_ellipse.last().contains(e->pos()))//如果在椭圆内按下
            {
                _begin = e->pos();//记录拖动开始的坐标位置

            }
        }
        else if(_drawType == 4)//直线
        {
```

```
            _lpress = true;// 左键按下标志
            QRect rect;// 鼠标按下，从直线一端开始绘制
            _line.append(rect);// 将新直线添加到直线集合
            QRect& lastLine = _line.last();// 获取新直线
            lastLine.setTopLeft(e->pos());// 记录鼠标的坐标（新直线开始一端坐标）
            _shape.append(4);
        }
        else if(_drawType == 5)// 文字
        {
            update();// 触发窗体重绘
            QPoint p;// 鼠标按下，开始绘制文字
            _tpoint.append(p);// 将文字坐标添加到文字位置集合
            QPoint& lastp = _tpoint.last();// 获取新文字
            lastp = e->pos();// 记录鼠标的坐标
            _tEdit->setGeometry(lastp.x()-6,lastp.y()-17,90,90);// 设置文本框的位置、大小

            _tEdit->show();// 显示文本框
            _text.append("");// 添加文本到文本集合
            _tEdit->clear();// 因为全局只有一个，所以使用之前要清空
            _shape.append(5);
        }

    }
}

void MyPaint::AddTexts()// 当文本框文本改变时调用
{
    QString& last = _text.last();// 拿到最后一个文本
    last = _tEdit->toPlainText();// 将文本框内容作为文本
}

void MyPaint::mouseMoveEvent(QMouseEvent *e)
{
    if(_drag && ((_drawType == 2 && _rects.last().contains(e->pos()))
            || (_drawType == 3 && _ellipse.last().contains(e->pos()) )))
    {
        setCursor(Qt::SizeAllCursor);// 拖曳模式下，并且在拖曳图形中，鼠标指针形状为十字形
    }
    else
    {
        setCursor(Qt::ArrowCursor);// 恢复原始鼠标指针形状
        _drag = 0;
    }

    if(_lpress)
    {
        if(_drawType == 1)// 铅笔画线
        {
            if(_lines.size()<=0) return;// 线条集合为空，不画线
            QVector<QPoint>& lastLine = _lines.last();// 最后添加的线条就是最新绘制的
            lastLine.append(e->pos());// 记录鼠标的坐标（线条的轨迹）
            update();// 触发窗体重绘
```

```
        }
        else if(_drawType == 2)
        {
            if(_drag == 0)//非拖曳模式
            {
                QRect& lastRect = _rects.last();//获取新矩形
                lastRect.setBottomRight(e->pos());//更新矩形的右下角坐标
            }
            else//拖曳模式
            {
                QRect& lastRect = _rects.last();//获取最后添加的矩形
                if(lastRect.contains(e->pos()))//在矩形的内部
                {
                    int dx = e->pos().x()-_begin.x();//横向移动x
                    int dy = e->pos().y()-_begin.y();//纵向移动y
                    lastRect = lastRect.adjusted(dx,dy,dx,dy);//更新矩形的位置
                    _begin = e->pos();//刷新拖曳点起始坐标
                }

            }
            update();//触发窗体重绘

        }
        else if(_drawType == 3)
        {
            if(_drag == 0)//非拖曳模式
            {
                QRect& lastEllipse = _ellipse.last();//获取新椭圆
                lastEllipse.setBottomRight(e->pos());//更新椭圆的右下角坐标

            }
            else//拖曳模式
            {
                QRect& lastEllipse = _ellipse.last();//获取最后添加的椭圆
                if(lastEllipse.contains(e->pos()))//在椭圆内部
                {
                    int dx = e->pos().x()-_begin.x();//横向移动x
                    int dy = e->pos().y()-_begin.y();//纵向移动y
                    lastEllipse = lastEllipse.adjusted(dx,dy,dx,dy);
                    _begin = e->pos();//刷新拖曳点起始坐标
                }

            }
            update();//触发窗体重绘
        }
        else if(_drawType == 4)
        {
            QRect& lastLine = _line.last();//获取新直线
            lastLine.setBottomRight(e->pos());//更新直线另一端
            update();//触发窗体重绘
        }
    }
```

```
}

void MyPaint::mouseReleaseEvent(QMouseEvent *e)
{
    if(_lpress)
    {
        if(_drawType == 1)
        {
            QVector<QPoint>& lastLine = _lines.last();// 最后添加的线条就是最新绘制的
            lastLine.append(e->pos());// 记录线条的结束坐标
            _lpress = false;// 标志左键释放
        }
        else if(_drawType == 2)
        {
            QRect& lastRect = _rects.last();// 获取新矩形
            if(!_drag)
            {
                lastRect.setBottomRight(e->pos());// 不是拖曳时，更新矩形的右下角坐标
                // 刚绘制完矩形，将鼠标指针设置到新矩形的中心位置，并进入拖曳模式
                this->cursor().setPos(this->cursor().pos().x()-lastRect.width()/2,
                            this->cursor().pos().y()-lastRect.height()/2);
                _drag = 1;

            }
            _lpress = false;

        }
        else if(_drawType == 3)
        {
            QRect& lastEllipse = _ellipse.last();// 获取新椭圆
            if(!_drag)
            {
                lastEllipse.setBottomRight(e->pos());// 不是拖曳时，更新椭圆的右下角坐标
                // 刚绘制完椭圆，将鼠标指针设置到新椭圆的中心位置，并进入拖曳模式
                this->cursor().setPos(this->cursor().pos().x()-lastEllipse.width()/2,
                            this->cursor().pos().y()-lastEllipse.height()/2);
                _drag = 1;

            }
            _lpress = false;
        }
        else if(_drawType == 4)
        {
            QRect& lastLine = _line.last();// 获取新直线
            lastLine.setBottomRight(e->pos());// 更新直线另一端
            _lpress = false;

        }
    }
}
```

```
void MyPaint::Lines()
{
    _drawType = 1;// 铅笔
    _tEdit->hide();// 文本框隐藏
}

void MyPaint::Line()
{
    _drawType = 4;// 直线
    _tEdit->hide();
}

void MyPaint::Rects()
{
    _drawType = 2;// 矩形
    _tEdit->hide();

}

void MyPaint::Ellipses()
{
    _drawType = 3;// 椭圆
    _tEdit->hide();
}

void MyPaint::Texts()
{
    _drawType = 5;// 文字
}

void MyPaint::SavePic()
{
    // 弹出文件保存对话框
    QString fileName = QFileDialog::getSaveFileName(this, tr(" 保存 "), "new.jpg",
                                    "Image (*.jpg *.png *.bmp)");

    if (fileName.length() > 0)
    {
        _tEdit->hide();// 防止文本框显示时，将文本框保存到图片
        QPixmap pixmap(size());// 新建窗体大小的 pixmap
        QPainter painter(&pixmap);// 将 pixmap 作为画布
        // 设置绘画区域、画布颜色
        painter.fillRect(QRect(0, 0, size().width(), size().height()), Qt::white);
        this->render(&painter);// 将窗体渲染到 painter，再由 painter 绘制到画布
        // 不包含工具栏
        pixmap.copy(QRect(0,30,size().width(),size().height()-30)).save(fileName);
    }
}

void MyPaint::OpenPic()
```

```
{
    //弹出文件打开对话框
    QString picPath = QFileDialog::getOpenFileName(this,tr("打开"),"",
                                "Image Files(*.jpg *.png)");
    if(!picPath.isEmpty())//用户选择了文件
    {
        QPixmap pix;
        pix.load(picPath);//加载图片
        QPainter p(&_pixmap);
        p.drawPixmap(0,30,pix);//添加工具栏的空间
        _openflag = 1;//设置文件打开标志
        update();//触发窗体重绘，将图片绘制到窗体
    }
}

void MyPaint::contextMenuEvent(QContextMenuEvent *)  //右键快捷菜单事件
{
    _Rmenu->exec(cursor().pos());//在鼠标指针位置弹出菜单
}

void MyPaint::keyPressEvent(QKeyEvent *e) //键盘事件
{
    //“Ctrl+Z”撤销
    if (e->key() == Qt::Key_Z && e->modifiers() == Qt::ControlModifier)
    {
        if(_shape.size()>0)
        {
            switch(_shape.last())
            {
                case 1: _lines.pop_back();
                        break;
                case 2: _rects.pop_back();
                        break;
                case 3: _ellipse.pop_back();
                        break;
                case 4: _line.pop_back();
                        break;
            }
            _shape.pop_back();
            _drag = 0;//设置为非拖曳模式
            update();
        }
    }
    else if (e->key() == Qt::Key_S && e->modifiers() == Qt::ControlModifier)//保存
    {
      SavePic();//“Ctrl+S”保存
    }
}
```

程序运行效果如图 10-5 所示。

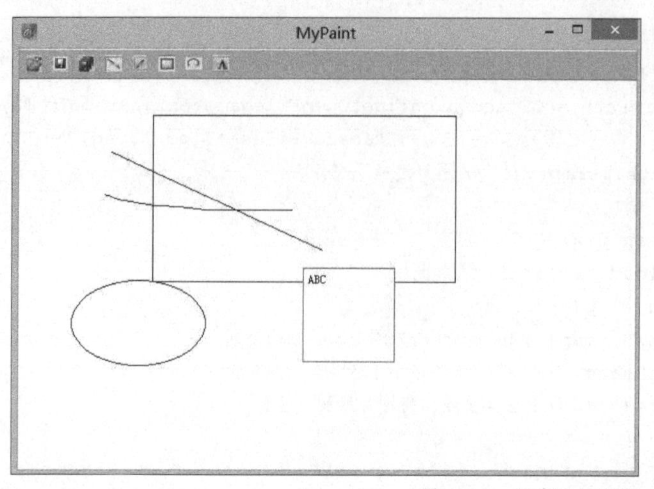

图 10-5 程序运行效果

绘图，即在计算机上作图，通常是指计算机用于绘图的一组程序。本章主要介绍 Qt 基于 QPainter、QPaintDevice 和 QPaintEngine 这 3 个类的绘图系统。

第 11 章 图形视图框架

图形视图框架用来管理二维图形项，支持绘制、缩放、事件响应等，主要用于快速提供并管理大量对象、将事件图形视图框架传递到每一个对象、管理焦点处理或对象选择等状态。图形视图框架按照模型－视图－控制器（Model-View-Controller，MVC）模式绘图。MVC包括 3 个元素：数据的模型（Model）、用户界面的视图（View）、用户在界面上的操作控制（Controller）。本章最后的案例通过图形视图框架实现图像变换（包含放大、缩小和旋转）来介绍 Qt 的图形视图框架。

【目标任务】

熟悉并掌握 Qt 中图形视图框架。

【知识点】

- Qt 图形视图框架概念。
- 场景、视图、图元介绍。

【项目实践】

图像变换：包括创建场景、创建图形项、场景中加载图形项和视图中加载场景过程。

11.1 图形视图框架概述

图形视图框架提供了一个基于图元的方式来实现模型视图（Model-View）编程，很像 InterView 中的便利类：QTableView、QTreeView 和 QListView。多个视图可以观察一个单独的场景，场景则包含了不同的几何形状图元。

Qt 图形视图（Graphics View）框架的主要特点如下。

（1）在图形视图框架中，系统可以利用 Qt 绘图系统的反锯齿、OpenGL 工具来改善绘图性能。

（2）图形视图框架支持事件传播体系结构，可以使图元在场景（Scene）中的交互能力提升一倍，图元能够处理键盘事件和鼠标事件。其中，鼠标事件包括鼠标按下、移动、释放和双击，还可以跟踪鼠标的移动。

（3）在图形视图框架中，通过二叉空间剖分树（Binary Space Partitioning Tree，BSP-Tree）提供的快速图元查找功能，能够实时地显示包含上百万个图元的大场景。

Qt 图形视图框架的三要素如下。

- 场景类：QGraphicsScene 类。
- 视图类：QGraphicsView 类。
- 图元类：QGraphicsItem 类。

图形视图框架主要特点如下。

（1）缩放和旋转：和 QPainter 一样，QGraphicsView 也可以通过 QGraphicsView::setMatrix() 进行仿射转换。通过将转换应用到视图上，可以很轻松地添加对普通浏览的支持，例如缩放和旋转。

（2）打印：图形视图通过其渲染函数 QGraphicsScene::render() 和 QGraphicsView::render()，提供了非常简单的打印功能。这两个函数提供了相同的 API，只需要将 QPainter 传给绘制函数，就可以将场景或视图的全部或部分内容渲染到任何绘图设备上。

（3）拖放：由于 QGraphicsView 间接继承自 QWidget，因此 QGraphicsView 也提供了和 QWidget 一样的拖放功能。此外，方便起见，图形视图框架为场景、每个图元提供了拖放支持。当视图接收到一个拖曳动作，它将拖放事件转换为一个 QGraphicsSceneDragDropEvent，然后将其转发给场景。场景则会接管该事件的调度，并将其发送给鼠标下面第一个接受动作的图元。要拖曳一个图元，只需要创建一个 QDrag 对象，将指针传给开始拖曳的部件。图元可以同时被多个视图观察，但是只有一个视图可以进行拖曳。在大多数情况下，拖曳都从鼠标按下或移动开始，因此在 mousePressEvent() 或 mouseMoveEvent() 事件中，可以从事件中拿到原始的部件指针。

（4）动画：图形视图在几个层面上提供了对动画的支持。可以用 Animation Framework 轻松地设置动画，只需要让图元从 QGraphicsObject 继承，然后将

QPropertyAnimation 绑定到上面。QPropertyAnimation 可以为任何 QObject 属性实现动画效果，也可以创建一个自定义图元，从 QObject 和 QGraphicsItem 继承。该图元可以设置自己的定时器，然后在 QObject::timerEvent() 中控制动画。

（5）图元组：通过将一个图元设置为另一个图元的子图元，就可以得到图元组最重要的功能，即图元会一起移动，所有转换都会从父图元传播到子图元中。此外，QGraphicsItemGroup 是一个特殊的图元，它提供了对子图元事件的支持，同时还提供了用于添加和删除子图元的接口。将一个图元添加到 QGraphicsItemGroup 将保持图元原始的位置和坐标转换，不过重新设置图元的父图元则会导致图元重新定位到相对于父图元的位置。方便起见，可以调用 QGraphicsScene::createItemGroup() 来创建 QGraphicsItemGroup 图元。

11.2 场景、视图、图元介绍

Qt 图形视图框架三要素是场景、视图和图元，其中图元是组成图形的元素，也就是图形的内容所在。

1. 场景类：QGraphicsScene 类

QGraphicsScene 类提供了图形视图场景。场景有以下职责：提供一个快速的接口，用于管理大量图元；向每个图元传递事件；管理图元的状态，如选中、焦点处理；提供未进行坐标转换的渲染功能，主要用于打印。

场景是 QGraphicsItem 对象的容器。调用 QGraphicsScene::addItem() 将图元添加到场景中后，就可以通过调用场景中的不同查找函数来查找其中的图元。QGraphicsScene::items() 函数及其重载函数可以返回所有图元，包括点、矩形、多边形、通用矢量路径。QGraphicsScene::itemAt() 返回在特定点上最上面的图元。所有找到的图元按照层叠递减的排列顺序（最先返回的图元是最顶层的，最后返回的则是最底层的）。

QGraphicsScene 的事件传递机制负责将场景事件传递给图元，同时也管理图元之间的传递。如果场景在某个位置得到一个鼠标按下事件，就将该事件传递给这个位置上的图元。

QGraphicsScene 同时还管理某些图元的状态，例如图元的选中和焦点。可以通过调用 QGraphicsScene::setSelectionArea()，传递一个任意形状，来选中场景中的图元。此功能也被用于 QGraphicsView 中橡皮筋（Rubberband）选中的基础。通过调用 QGraphicsScene::selectedItems() 可以获取当前选中的图元列表。另外一种由 QGraphicsScene 处理的状态是：一个图元是否有键盘输入焦点。可以调用 QGraphicsScene::setFocusItem() 或 QGraphicsItem::setFocus() 为一个图元设置焦点，或通过 QGraphicsScene::focusItem() 获取当前的焦点图元。

最后，QGraphicsScene 允许通过 QGraphicsScene::render() 将部分场景绘制到绘图设备上，例如 QImage、QPrinter、QWidget。

2. 视图类：QGraphicsView 类

QGraphicsView 类提供了视图部件，将一个场景中的内容显示出来。可以附加多个视图到同一个场景，从而针对同一数据集提供几个视口。该视图部件是一个滚动区域（Scroll Area），为大型场景浏览提供滚动条。如果要启用 OpenGL 支持，可通过调用 QGraphicsView::setViewport()，将一个 QGLWidget 设置为视口。

视图通过键盘和鼠标接收输入事件，并在事件发送给可视化的场景之前，将它们转换成场景事件（将坐标转化为适当的场景坐标）。

利用变换矩阵 QGraphicsView::transform()，视图可以转换场景的坐标系，以便实现高级功能，例如缩放、旋转。方便起见，QGraphicsView 也提供了视图和场景坐标之间的转换函数：QGraphicsView::mapToScene() 和 QGraphicsView::mapFromScene()。

3. 图元类：QGraphicsItem 类

QGraphicsItem 是场景中图元的基类。图形视图提供了一些典型形状的标准图元，例如矩形（QGraphicsRectItem）、椭圆（QGraphicsEllipseItem）、文本项（QGraphicsTextItem）。当自定义图元时，QGraphicsItem 强大的特性就体现出来了。

QGraphicsItem 主要有以下功能：处理鼠标按下、移动、释放、双击、悬停、滚轮滚动和右键快捷菜单事件，处理键盘输入事件，处理拖曳事件，分组，碰撞检测。

下面的代码给出了一个小示例。在这个例子中，首先设置场景的背景色、前景色，添加线、矩形、椭圆和简单文本，设置文本字体，并且描边；然后添加图，并且移动到指定位置；最后添加标签到窗口。

```
#include <QApplication>
#include <QGraphicsView>
#include <QGraphicsRectItem>
#include <QLabel>

int main(int argc, char** argv)
{
    QApplication app(argc, argv);
    QGraphicsView view;
    QGraphicsScene scene;
    view.setScene(&scene);
    view.show();
    view.resize(400, 400);

    /* 设置场景的背景色、前景色 */
    scene.setBackgroundBrush(QBrush(Qt::red));
    scene.setForegroundBrush(QBrush(QColor(0, 255, 0, 50)));
```

```
    /* 添加线 */
    scene.addLine(0, 0, 100, 100, QPen(Qt::black));

    /* 添加矩形 */
    scene.addRect(0, 100, 100, 100, QPen(Qt::yellow), QBrush(Qt::blue));

    /* 添加椭圆 */
    scene.addEllipse(100, 0, 100, 100, QPen(Qt::red), QBrush(Qt::green));
    /* 添加简单文本，设置文本字体，并且描边 */
    scene.addSimpleText("hello", QFont("system", 40))
            ->setPen(QPen(QBrush(Qt::yellow), 3));

    /* 添加图片，并且移动位置 */
    scene.addPixmap(QPixmap("E:\\qt_workspace\\pic\\wallet.png"))
            ->setPos(200, 200);

    /* 添加一个窗口 */
    QLabel label("widget");
    scene.addWidget(&label);

    return app.exec();
}
```

11.3 项目案例：图像变换

在这个例子中，首先生成一个矩形，然后可以对矩形进行放大（按“+”）、缩小（按“-”）、旋转（按“→”）和拖曳操作。图像变换的运行效果如图 11-1 所示。添加一个基于“QWidget”的窗体，然后在里面添加 3 个类：Widget、Mygraphicsview 和 Myitem。下面对这 3 个类进行说明。

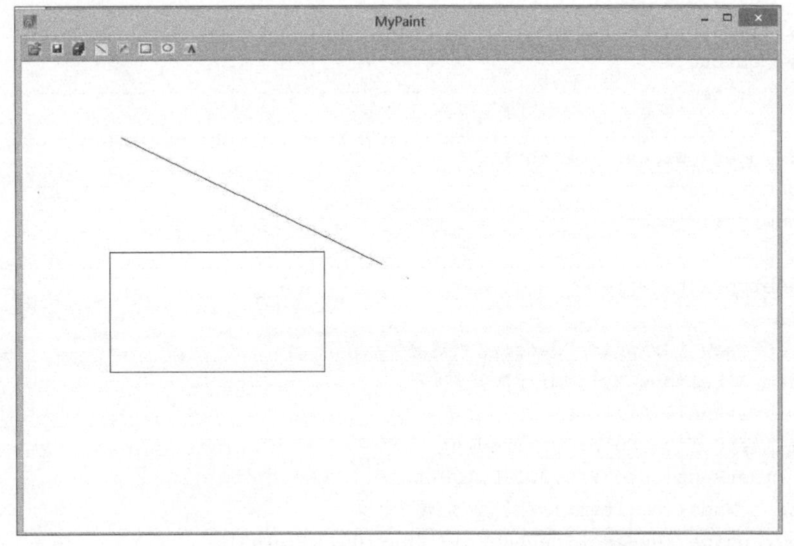

图 11-1　图像变换的运行效果

Widget 类代码中，主要包含创建场景、创建图形项、场景中加载图形项和视图中加载场景过程，其中 widget.h 头文件代码如下。

```
#ifndef WIDGET_H
#define WIDGET_H
#include <QWidget>

QT_BEGIN_NAMESPACE
class QGraphicsScene;
QT_END_NAMESPACE

namespace Ui {
class Widget;
}

class Widget : public QWidget
{
    Q_OBJECT

public:
    explicit Widget(QWidget *parent = 0);
    ~Widget();

private:
    Ui::Widget *ui;
    QGraphicsScene *m_scene;

};

#endif // WIDGET_H
```

widget.cpp 源文件代码如下。

```
#include "widget.h"
#include "ui_widget.h"
#include <QGraphicsRectItem>
#include <qdebug.h>
#include "myitem.h"

Widget::Widget(QWidget *parent) :
    QWidget(parent),
    ui(new Ui::Widget)
{
    ui->setupUi(this);

    m_scene=new QGraphicsScene;// 创建场景
    MyItem *item=new MyItem;// 创建图形项
    item->setPos(0,0);
    item->setColor(QColor(Qt::red));
    item->setRect(QRectF(0,0,100,100));
    m_scene->addItem(item);// 场景中加载图形项
    ui->graphicsView->setSceneRect(-100,-100,100,100);
```

```
    ui->graphicsView->setScene(m_scene);// 视图中加载场景

}

Widget::~Widget()
{
    delete ui;
}
```

MyGraphicsView 类对应视图，其中 mygraphicsview.h 头文件代码如下。

```
#ifndef MYGRAPHICSVIEW_H
#define MYGRAPHICSVIEW_H

#include <QObject>
#include <QGraphicsView>

QT_BEGIN_NAMESPACE
class QWheelEvent;
QT_END_NAMESPACE

class MyGraphicsView : public QGraphicsView
{
    Q_OBJECT
public:
    explicit MyGraphicsView(QWidget *parent = 0);
    ~MyGraphicsView();

protected:
    void wheelEvent(QWheelEvent *event) Q_DECL_OVERRIDE;
    void magnify();
    void shrink();
    void scaling(qreal scaleFactor);
    void keyPressEvent(QKeyEvent *event);

private:
    qreal m_scalingOffset;
};


#endif // MYGRAPHICSVIEW_H
```

mygraphicsview.cpp 源文件代码如下。

```
#include "mygraphicsview.h"
#include <QWheelEvent>
#include <qpoint.h>
#include <qdebug.h>
#include <QKeyEvent>
MyGraphicsView::MyGraphicsView(QWidget *parent)
    : QGraphicsView(parent)
{
    m_scalingOffset=1;
```

```
}

MyGraphicsView::~MyGraphicsView()
{

}

void MyGraphicsView::magnify()
{
    if(m_scalingOffset>1.3)
        return;

    m_scalingOffset+=0.1;
    scaling(m_scalingOffset);
}

void MyGraphicsView::shrink()
{
    if(m_scalingOffset<0.9)
        return;

    m_scalingOffset-=0.1;
    scaling(m_scalingOffset);
}

void MyGraphicsView::scaling(qreal scaleFactor)
{
    qDebug()<<this->sceneRect();
    scale(scaleFactor,scaleFactor);
}

void MyGraphicsView::wheelEvent(QWheelEvent *event)
{
    QPoint sroll=event->angleDelta();
    sroll.y()>0 ? magnify() : shrink();
    qDebug()<<"aaaaaaaa"<<endl;

}

void MyGraphicsView::keyPressEvent(QKeyEvent *event)
{
    switch (event->key())
    {
    case Qt::Key_Plus :
        scale(1.2, 1.2);
        break;
    case Qt::Key_Minus :
        scale(1 / 1.2, 1 / 1.2);
        break;
    case Qt::Key_Right :
        rotate(30);
        break;
    }
    // 一定要加上这个，否则在场景和图形项中就无法接收到该事件了
    QGraphicsView::keyPressEvent(event);
}
```

MyItem 类对应图形项，包含了以下处理函数。

- 鼠标按下事件处理函数：设置被单击的图形项获得焦点，并改变鼠标指针外观。
- 键盘按下事件处理函数：判断是否是向下方向键，如果是，则向下移动图形项。
- 悬停事件处理函数：设置鼠标指针形状。
- 右键快捷菜单事件处理函数：为图形项添加一个右键快捷菜单。

其中 myitem.h 头文件代码如下。

```
#include <QGraphicsItem>
class MyItem : public QGraphicsItem
{
public:
    MyItem();
    QRectF boundingRect() const;
    void paint(QPainter *painter, const QStyleOptionGraphicsItem *option,
               QWidget *widget);

    void setColor(const QColor &color) { brushColor = color; }
    void setRect(const QRectF & rectangle){ rectf = rectangle;}

private:
    QColor brushColor;
    QRectF rectf;

protected:
    void keyPressEvent(QKeyEvent *event);
    void mousePressEvent(QGraphicsSceneMouseEvent *event);
    void hoverEnterEvent(QGraphicsSceneHoverEvent *event);
    void contextMenuEvent(QGraphicsSceneContextMenuEvent *event);

};
```

myitem.cpp 源文件代码如下。

```
#include "myitem.h"
#include <QPainter>
#include <QCursor>
#include <QKeyEvent>
#include <QGraphicsSceneHoverEvent>
#include <QGraphicsSceneContextMenuEvent>
#include <QMenu>

MyItem::MyItem()
{
    brushColor = Qt::red;

    setFlag(QGraphicsItem::ItemIsFocusable);
    setFlag(QGraphicsItem::ItemIsMovable);
    setAcceptHoverEvents(true);

}
```

```
QRectF MyItem::boundingRect() const
{
    qreal adjust = 0.5;
    return QRectF(-10 - adjust, -10 - adjust,
                  20 + adjust, 20 + adjust);
}

void MyItem::paint(QPainter *painter, const QStyleOptionGraphicsItem *,
                   QWidget *)
{
    if (hasFocus()) {
        painter->setPen(QPen(QColor(255, 255, 255, 200)));
    } else {
        painter->setPen(QPen(QColor(100, 100, 100, 100)));
    }
    painter->setBrush(brushColor);
    painter->drawRect(-10, -10, 20, 20);
}

// 鼠标按下事件处理函数，设置被单击的图形项获得焦点，并改变鼠标指针外观
void MyItem::mousePressEvent(QGraphicsSceneMouseEvent *)
{
    setFocus();
    setCursor(Qt::ClosedHandCursor); // 设置鼠标指针为握拳的形状
}

// 键盘按下事件处理函数，判断是否是向下方向键，如果是，则向下移动图形项
void MyItem::keyPressEvent(QKeyEvent *event)
{
    if (event->key() == Qt::Key_Down)
        moveBy(0, 10);
}
// 悬停事件处理函数，设置鼠标指针外观
void MyItem::hoverEnterEvent(QGraphicsSceneHoverEvent *)
{
    setCursor(Qt::OpenHandCursor); // 设置鼠标指针为手张开的形状
    setToolTip("I am item");
}
// 右键快捷菜单事件处理函数，为图形项添加一个右键快捷菜单
void MyItem::contextMenuEvent(QGraphicsSceneContextMenuEvent *event)
{

    QMenu menu;
    QAction *moveAction = menu.addAction("move back");
    QAction *selectedAction = menu.exec(event->screenPos());
    if (selectedAction == moveAction) {
        setPos(0, 0);
    }
}
```

Qt 通过使用 MVC 框架，只需要关注更新模型的部分，而不需要关心视图该如何变化，因为当模型改变了，所有关联它的视图都会得到相应的更新，只需要维护一个模型即可。

第 12 章 文件操作

计算机中所有的数据都以文件形式存在。在计算机中，对文件的操作包括目录操作、新建文件、文件命名、文件重命名、文件删除、文件属性设置等。本章主要介绍 Qt 中目录和文件的操作。

【目标任务】

熟悉并掌握 Qt 中的常见文件操作。

【知识点】

- 目录操作。
- 文件操作。
- 二进制文件读写。
- 文本文件操作。
- INI 文件操作。

【项目实践】

UOS 记事本：支持文件的打开、修改以及保存等功能。

12.1 目录操作

QDir 类提供了与平台无关的访问系统目录结构及其内容的方式。需要包含头文件：#include <qdir.h>。

QDir 类用来操作路径名及底层文件系统，获取关于目录路径及文件的相关信息，也可以用来获取 Qt 资源系统的文件信息。

QDir 类使用相对路径或绝对路径来指向一个文件或目录。绝对路径从目录分隔符“/”开始或者带有一个驱动器标识（除了在 UNIX 下）。如果总是使用“/”作为目录分隔符，Qt 将会把路径转化为符合底层的操作系统。相对路径是从一个目录名称或者文件名开始并且指定一个相对于当前路径的路径。

绝对路径示例如下。

```
QDir("/home/user/Documents");
```

相对路径示例如下。

```
QDir("images/landscape.png");
```

注意当前路径是指应用程序的工作目录，而 Qdir 类的路径可以通过 setPath() 设置并且通过 path() 获得。可以使用 QDir 类的方法 isRelative() 或者 isAbsolute() 来判断 QDir 指向的路径是相对路径还是绝对路径，如果是相对路径，可使用方法 makeAbsolute() 将相对路径转换为绝对路径。

12.1.1 目录及导航操作

QDir 类对象所关联的目录路径可以使用 path() 函数获得，可以使用 setPath() 来设置新的路径，可以使用方法 absolutePath() 来获得目录的绝对路径。

目录名可以使用 dirName() 方法来获得，该方法返回绝对路径中的最后一个项目，即目录名，但如果 QDir 关联的是当前工作目录，则返回“.”。

- mkdir()：创建一个目录。
- rename()：对关联目录进行重命名。
- rmdir()：移除一个目录。
- exists()：检测目录是否存在。
- refresh()：刷新目录内容。

12.1.2 文件及目录内容

文件系统中目录一般包括文件、子目录及符号链接，相应的操作如下。

- count()：获得 QDir 类对象关联的目录中的条目数目。
- entryList()：获取所有条目的名称。

- entryInfoList()：获取条目的 QFileInfo 内容。
- filePath() 及 absoluteFilePath()：获得 QDir 中指定文件的路径名，但这两个函数均不检查指定的文件是否存在。
- remove()：用来删除指定文件。
- 过滤器：获取指定类型的文件，当文件符合过滤器指定条件时被保留；过滤器中的内容实际上是一个 stringList。

12.1.3 当前目录及其他特定路径

可以使用一些静态函数来访问指定的路径，这些函数返回一个 QDir 对象，如表 12-1 所示。

表 12-1　用静态函数来访问指定的路径

Qdir	Qstring	返回值
current()	currentPath()	应用程序当前目录
home()	homePath()	用户 home 目录
root()	rootPath()	root 目录
temp()	tempPath()	系统临时目录

可以使用静态函数 setCurrent() 来设置应用程序的工作路径。

12.1.4 API 中的实例

判断一个目录是否存在，代码如下。

```
QDir d("example" ); // 设定目录
if ( !d.exists() )
  qWarning( "Cannot find the example directory" );
```

列出当前目录中所有文件（不包括符号链接）的程序，按大小排序，小的在前，代码如下。

```
#include <stdio.h>
#include <qdir.h>

int main( int argc, char **argv )
{
    QDir d;
    d.setFilter( QDir::Files | QDir::Hidden | QDir::NoSymLinks );
    d.setSorting( QDir::Size | QDir::Reversed );

    const QFileInfoList *list = d.entryInfoList();
    QFileInfoListIterator it( *list );
    QFileInfo *fi;
```

```
    printf( "     Bytes Filename\n" );
    while ( (fi = it.current()) != 0 ) {
        printf( "%10li %s\n", fi->size(), fi->fileName().latin1() );
        ++it;
    }
    return 0;
}
```

12.1.5 Filter 枚举变量

Filter 枚举变量描述 QDir 可用的筛选选项，在 entryList() 和 entryInfoList() 函数中使用，用于筛选返回的结果。可以使用按位或运算符组合多个值来指定。

QDir::Filters 中常用的枚举变量值及其含义如下。

- QDir::Dirs 0x001：列出目录。
- QDir::AllDirs 0x400：列出所有目录，不对目录名进行过滤。
- QDir::Files 0x002：列出文件。
- QDir::Drives 0x004：列出逻辑驱动器名称，该枚举变量在 Linux、UNIX 中将被忽略。
- QDir::NoSymLinks 0x008：不列出符号链接。
- QDir::NoDotAndDotDot NoDot | NoDotDot：不列出文件系统中的特殊文件 . 及 ..。
- QDir::NoDot 0x2000：不列出 . 文件，即指向当前目录的软链接。
- QDir::NoDotDot 0x4000：不列出 .. 文件。
- QDir::AllEntries：其值为 Dirs | Files | Drives，列出目录、文件、驱动器及软链接等所有文件。
- QDir::Readable 0x010：列出当前应用有读权限的文件或目录。
- QDir::Writable 0x020：列出当前应用有写权限的文件或目录。
- QDir::Executable 0x040：列出当前应用有执行权限的文件或目录。

上述权限中的 Readable、Writable 及 Executable 均需要和 Dirs 或 Files 枚举值联合使用。

- QDir::Modified 0x080：列出已被修改的文件，该值在 Linux、UNIX 中将被忽略。
- QDir::Hidden 0x100：列出隐藏文件。
- QDir::System 0x200：列出系统文件。
- QDir::CaseSensitive 0x800：设定过滤器为大小写敏感。

12.1.6 SortFlag 枚举变量

SortFlag 枚举变量描述的是 QDir 如何排列 entryList() 或 entryInfoList() 返回的条

目。被指定的排列的值可以由下述的值或运算得到。

- QDir::Name：按名称排序。
- QDir::Time：按时间排序（修改时间）。
- QDir::Size：按文件大小排序。
- QDir::Unsorted：不排序。
- QDir::SortByMask：Name、Time 和 Size 的掩码。
- QDir::DirsFirst：首先是目录，然后是文件。
- QDir::Reversed：相反的排列顺序。
- QDir::IgnoreCase：不区分大小写进行排序。
- QDir::DefaultSort：内部标记。

前 4 种中只能指定一个。

如果同时指定 DirsFirst 和 Reversed，目录仍然会被放在前面，但是按照反向的顺序，文件仍然排在目录后面，当然也是按照反向的顺序。

12.2 基本文件操作

文件操作是应用程序必不可少的部分。Qt 作为一个通用开发库，提供了跨平台的文件操作能力。

QFile 主要提供有关文件的各种操作，比如打开文件、关闭文件、刷新文件等。将文件路径作为参数传给 QFile 的构造函数，也可以在创建好对象后，使用 setFileName() 来修改。

QFile 需要使用"/"作为文件分隔符，不过它会自动将其转换成操作系统所需要的形式。例如 C:/windows 这样的路径在 Windows 平台下同样是可以的。

使用 QDataStream 或 QTextStream 类来读写文件，也可以使用 QIODevice 类提供的 read()、readLine()、readAll() 以及 write() 等函数。

有关文件本身的信息，比如文件名、文件所在目录名等，则是通过 QFileInfo 获取，而不是自己分析文件路径字符串。下面的代码给出了读取文件内容及信息的过程。

```
int main(int argc, char *argv[])
{
    QApplication app(argc, argv);
    //打开文件
    QFile file("in.txt");
    if (!file.open(QIODevice::ReadOnly | QIODevice::Text)) {
        qDebug() << "Open file failed.";
        return -1;
    } else {
        //读取文件内容
        while (!file.atEnd()) {
```

```
            qDebug() << file.readLine();
        }
    }
    //查看文件信息
    QFileInfo info(file);
    qDebug() << info.isDir();
    qDebug() << info.isExecutable();
    qDebug() << info.baseName();
    qDebug() << info.completeBaseName();
    qDebug() << info.suffix();
    qDebug() << info.completeSuffix();

    return app.exec();
}
```

首先使用 QFile 创建了一个文件对象，文件名是 in.txt。如果不知道应该把它放在哪里，可以使用 QDir::currentPath() 来获得应用程序执行时的当前路径。只要将这个文件放在与当前路径一致的目录下即可。使用 open() 函数打开这个文件，打开形式是只读方式，文本格式，类似于 fopen() 的 r 参数。open() 函数返回一个布尔值，如果打开失败，在控制台输出一段提示后程序退出。否则，利用 while 循环将每一行读到的内容输出。

可以使用 QFileInfo 获取有关该文件的信息。QFileInfo 有很多类型的函数，此处只举出一些例子。

- isDir()：检查该文件是否是目录。
- isExecutable()：检查该文件是否是可执行文件。
- baseName()：可以直接获得文件名。
- completeBaseName()：获取完整的文件名。
- suffix()：直接获取文件扩展名。
- completeSuffix()：获取完整的文件扩展名。

12.3 二进制文件读写

QDataStream 提供了基于 QIODevice 的二进制数据的序列化。数据流是一种二进制流，这种流完全不依赖于底层操作系统、CPU 或者字节顺序（大端或小端）。例如，在安装了 Windows 操作系统的计算机上写入的一个数据流，可以不经过任何处理，直接拿到运行了 Solaris 的 SPARC 机器上读取。

由于数据流就是二进制流，因此也可以直接读写没有编码的二进制数据，例如图像、视频、音频等。QDataStream 既能够存取 C++ 基本类型，如 int、char、short 等，也可以存取复杂的数据类型，如自定义的类。实际上，对于类的存储，QDataStream 是将复杂的类分割为很多基本单元实现的。

结合 QIODevice，QDataStream 可以很方便地对文件、网络套接字等进行读写操作，代码如下。

```
QFile file("file.dat");
file.open(QIODevice::WriteOnly);
QDataStream out(&file);
out << QString("the answer is");
out << (qint32)42;
```

首先，打开一个名为 file.dat 的文件（注意，简单起见，此处并没有检查文件打开是否成功，这在正式程序中是不允许的）。

然后，将刚刚创建的 file 对象的指针传递给一个 QDataStream 实例 out。类似于 std::cout 标准输出流，QDataStream 也重载了输出重定向 << 运算符。后面的代码就很简单了：将“the answer is”和数字 42 输出到数据流。由于 out 对象建立在 file 之上，因此相当于将问题和答案写入 file。 需要指出一点：最好使用 Qt 整型来进行读写，比如程序中的 qint32。这保证了在任意平台和任意编译器都能够有相同的行为。

如果直接运行这段代码，会得到一个空白的 file.dat，并没有写入任何数据。这是因为 file 没有正常关闭。为提升性能，数据只有在文件关闭时才会真正写入。因此，必须在最后添加一行代码。

```
file.close(); // 如果不想关闭文件，可以使用 file.flush()
```

接下来将存储到文件中的内容读取出来。

```
QFile file("file.dat");
 file.open(QIODevice::ReadOnly);
QDataStream in(&file);
QString str; qint32 a;
in >> str >> a;
```

唯一需要注意的是，必须按照写入的顺序，将数据读取出来。如果顺序颠倒，程序行为是不确定的，严重时会直接造成程序崩溃。

12.4 文本文件操作

二进制文件比较小巧，可以存储各种数据格式，但可读性比较差；而文本文件只能存储文本格式的数据，但可读性非常好。为了操作文本文件，需要使用 QTextStream 类。

QTextStream 和 QDataStream 的使用方法类似，只不过它是操作纯文本文件的。QTextStream 会自动将 Unicode 编码同操作系统的编码进行转换，这一操作对开发人员是透明的。它也会将换行符进行转换，同样不需要自己处理。

QTextStream 使用 16 位的 QChar 作为基础的数据存储单位，同样它也支持 C++ 标准类型，如 int 等。实际上，这是将标准类型与字符串进行了相互转换。QTextStream 同 QDataStream 的使用基本一致，例如下面的代码将把“The answer is 42”写入 file.txt

文件中。

```
QFile data("file.txt");
if (data.open(QFile::WriteOnly | QIODevice::Truncate))
{
    QTextStream out(&data);
    out << "The answer is " << 42;
}
```

在 open() 函数中增加了 QIODevice::Truncate 打开方式。可以从下列枚举值和描述中看到这些打开方式的区别。

- IODevice::NotOpen：未打开。
- QIODevice::ReadOnly：以只读方式打开。
- QIODevice::WriteOnly：以只写方式打开。
- QIODevice::ReadWrite：以读写方式打开。
- QIODevice::Append：以追加的方式打开，新增加的内容将被追加到文件末尾。
- QIODevice::Truncate：以重写的方式打开，在写入新的数据时会将原有数据全部清除，光标设置在文件开头。
- QIODevice::Text：在读取时，将行结束符转换成 \n；在写入时，将行结束符转换成本地格式，例如 Win32 平台上是 \r\n。
- QIODevice::Unbuffered：忽略缓存。

这里使用了 QFile::WriteOnly | QIODevice::Truncate，也就是以只写并且覆盖已有内容的形式操作文件。注意，QIODevice::Truncate 会直接将文件内容清空。

虽然 QTextStream 的写入内容与 QdataStream 的一致，但是读取时却会有些困难。

```
QFile data("file.txt");
if (data.open(QFile::ReadOnly))
{
    QTextStream in(&data);
    QString str;
    int ans = 0;
    in >> str >> ans;
}
```

在使用 QDataStream 的时候，这样的代码很方便，但是使用 QTextStream 时却有所不同：读出的时候，str 里面将是 The answer is 42，ans 是 0。这是因为当使用 QDataStream 写入的时候，实际上会在要写入的内容前面，额外添加一个这段内容的长度值。而以文本形式写入数据，是没有数据之间的分隔的。因此，使用文本文件时，很少会将其分割开来读取，而是使用如下方法等。

- QTextStream::readLine()：读取一行。
- QTextStream::readAll()：读取所有文本。

通过这两个函数读取后再对获得的 QString 对象进行处理。

默认情况下，QTextStream 的编码格式是 Unicode，如果需要使用另外的编码，可以使用如下的函数进行设置。

```
stream.setCodec("UTF-8");
```

12.5 INI 文件操作

INI 文件是 Initialization File 的缩写，即初始化文件，主要用来保存程序经常用到的一些配置参数。在 Qt 中可以使用 QSetting 类来实现 INI 文件的读取和写入。

INI 文件主要由节（section）、键（key）、键值（value）组成。

节用方括号括注，单独占一行，例如：

```
[section]
```

键又名属性（property），单独占一行，用等号连接键名和键值，例如：

```
name=value
```

一个很简单的 INI 文件示例如下。

```
[Basic]
    age=18
    name=LiLei
    school=JJUV

[Capability]
    jump=3m
    run=5km
```

在 Qt 中操作 INI 文件的方法，首先是如何向 INI 文件写入内容。

```
// 根据 INI 文件路径新建 QSettings 类
QSettings  m_IniFile = new QSettings("INI 文件的路径", QSettings::IniFormat);
m_IniFile ->beginGroup("节名");  // 设置当前节名，代表以下的操作都是在这个节中
m_IniFile->setValue( "键名",  "键对应的值"); // 因为上面设置了节，这里不再需要把节名写上去
m_IniFile.endGroup();           // 结束当前节的操作
```

然后从 INI 文件读取内容。

```
// 根据 INI 文件路径新建 QSettings 类
QSettings  m_IniFile = new QSettings("INI 文件的路径", QSettings::IniFormat);
//通过 Value 函数将节下相对应的键值读取出来
QString value = m_IniFile->Value( "节名" + "/" + "键名").toString;
```

12.6 项目案例：UOS 记事本——文件打开和保存

在日常生活中，记事本指的是用来记录内容的小册子。在操作系统中，记事本是一个

应用程序，采用一个简单的文本编辑器进行文字信息的记录和存储。

12.6.1 打开文件

1. 效果预览

图 12-1 为在记事本程序中通过文件菜单打开文件的效果。

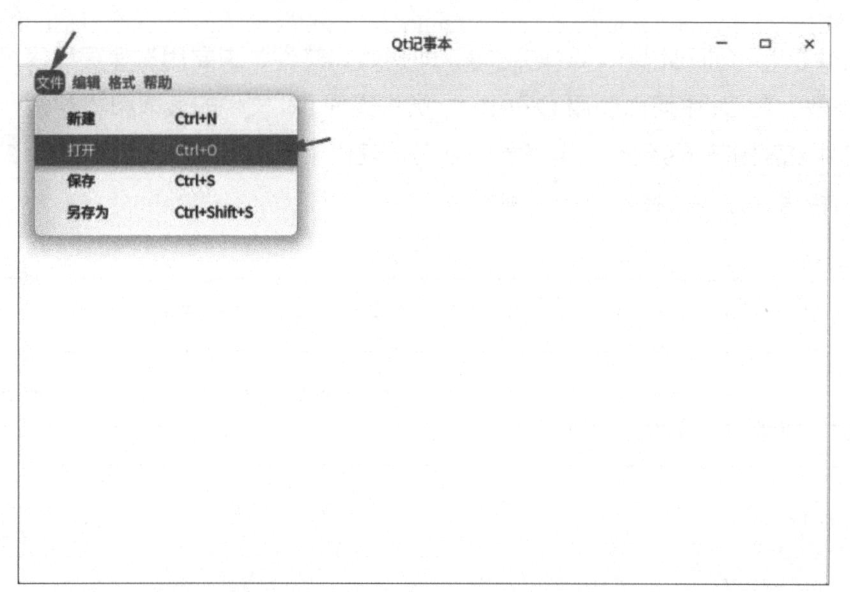

图 12-1　打开文件效果

图 12-2 为选择打开的文件，包括 3 个步骤：选择过滤器，选择要打开的文件，单击“打开”按钮。

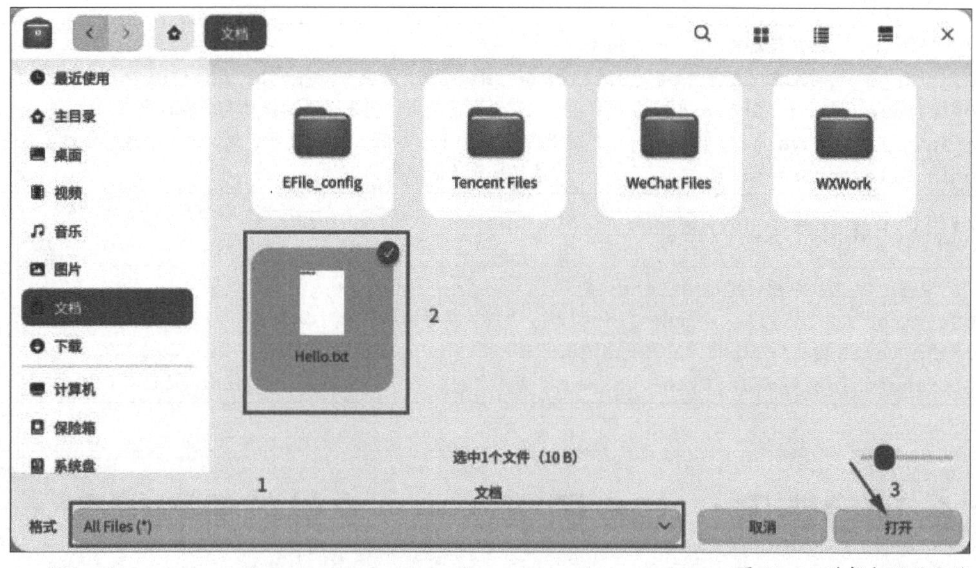

图 12-2　选择打开的文件

图12-3为打开文件后文件内容的显示。

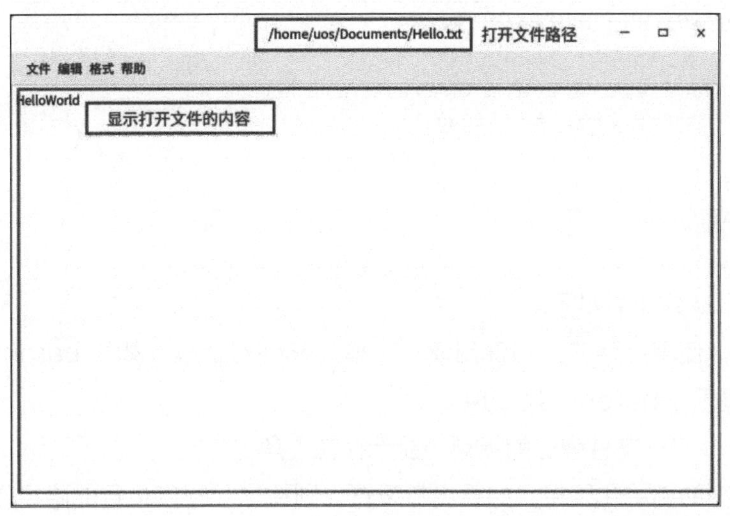

图 12-3 文件内容显示

2. 核心代码

具体代码和详细注释如下。

```
//打开文件
void MainWindow::OpenFile()
{
    //显示文件打开对话框，并将选择的文件路径存储在fileName
    QString fileName = QFileDialog::getOpenFileName(this, "打开文件");
    currentFile = fileName;
    QFile file(fileName);
    if (!file.open(QIODevice::ReadOnly | QFile::Text)) {
        //用来判断文件是否可以打开，如果无法打开，给出警告提示
        QMessageBox::warning(this, "警告", "无法打开文件: " + file.errorString());
        return;
    }
    setWindowTitle(fileName);
    QTextStream in(&file); //创建与文件链接的输入流
    QString text = in.readAll(); //读取文件中的所有内容
    textEdit->setText(text); //设置成文本框的文本
    file.close(); //出于数据安全的考虑，一定要手动关闭文件
}
```

3. 代码说明

文件打开菜单项关联的函数为void MainWindow::OpenFile()。这个函数实现打开文件的相关业务逻辑。首先弹出图12-2中的文件选择框，进行文件选择。选择完毕后，如果单击“打开”按钮，则将文件中的内容读取出来并显示在文本编辑区域；如果单击“取消”按钮，则弹出警告对话框给出相应提示。

QFileDialog为文件对话框，提供了打开文件对话框。getOpenFileName()为静态

方法，其原型如下。

```
QString QFileDialog::getOpenFileName (
        QWidget * parent = 0,
        const QString & caption = QString(),
        const QString & dir = QString(),
        const QString & filter = QString(),
        QString * selectedFilter = 0,
        Options options = 0
 );
```

其中的 6 个参数介绍如下。

- parent：使用给定的父组件创建一个模式文件对话框，如果 parent 不是 0，则对话框将显示在 parent 组件的中心。
- caption：打开文件弹窗的标题，显示在左上角。
- dir：弹窗的初始化路径，如果没有设置，则将当前程序运行的路径作为弹窗的打开路径。
- filter：对话框中的扩展名过滤器。
- selectedFilter：默认选择的过滤器。
- options：保存着关于如何运行对话框的选项。

后 4 个参数一般情况下都可以省略。

12.6.2 保存文件

1. 效果预览

用户在对文件进行编辑后，一般会进行保存，保存文件的具体操作如图 12-4 所示。

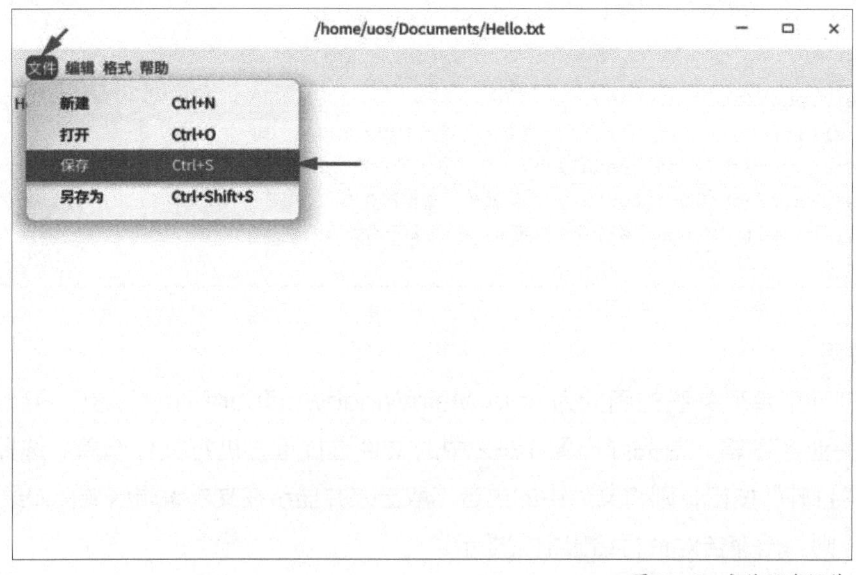

图 12-4　文件保存操作

在图 12-5 中，选择文件保存路径，输入文件名，即可单击“保存”按钮。

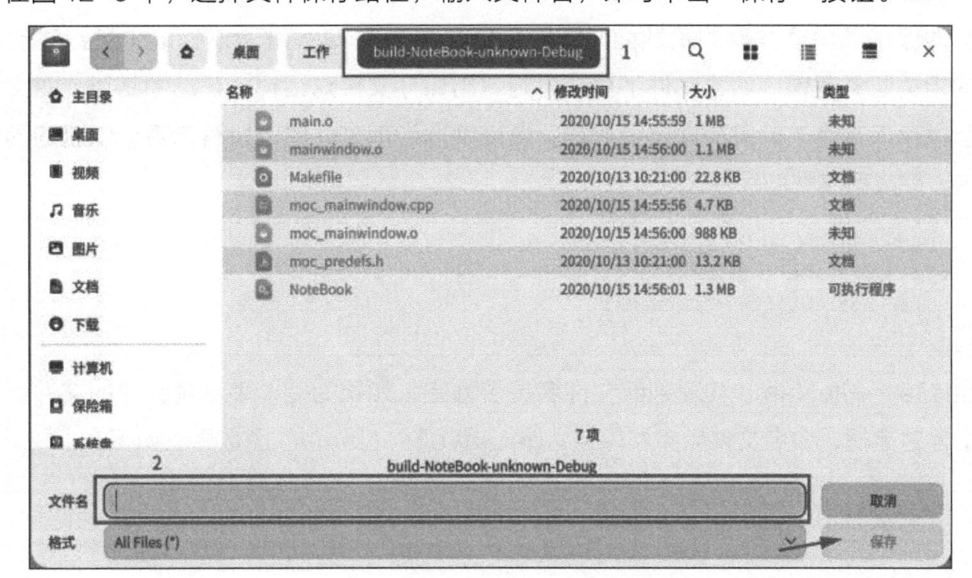

图 12-5　文件保存路径和文件名

2. 核心代码

具体代码和详细注释如下。

```
// 保存文件（OK）
void MainWindow::SaveFile()
{
    QString fileName;
    // 若没有文件，重新创建一个
    if (currentFile.isEmpty()) {
        fileName = QFileDialog::getSaveFileName(this, "Save");
        currentFile = fileName;
    } else {
        fileName = currentFile;
    }
QFile file(fileName);
    // 文件打开判断，如果没有打开文件，会弹出相关警告框
    if (!file.open(QIODevice::WriteOnly | QFile::Text)) {
        QMessageBox::warning(this, "警告", "无法打开文件: " + file.errorString());
        return;
}
//设置窗口名为当前文件名
setWindowTitle(fileName);
//文件输出流
QTextStream out(&file);
//获取文本框中的所有内容
QString text = textEdit->toPlainText();
//将文本内容写入文件
out << text;
//关闭文件
    file.close();
}
```

3．代码说明

文件保存菜单项关联的函数为 void MainWindow::SaveFile()。这个函数实现保存文件的相关业务逻辑。如果文件不存在，则弹出保存文件对话框，在选中路径、对文件命名之后保存该文件；如果文件已经存在，直接读取当前文件中的所有内容，以流的形式重新写入，完成新文件的保存。

```
if (currentFile.isEmpty()) {
        fileName = QFileDialog::getSaveFileName(this, "Save");
        currentFile = fileName;
}
```

getSaveFileName 实现判断文件名是否为空，如果为空，表示是新建的文件，弹出保存文件对话框，命名文件后完成保存。getSaveFileName() 函数原型如下。

```
QString QFileDialog::getSaveFileName (
      QWidget * parent = 0,
      const QString & caption = QString(),
      const QString & dir = QString(),
      const QString & filter = QString(),
      QString * selectedFilter = 0,
      Options options = 0
 )
```

该函数为 QFileDialog 这个类中的静态函数，可以调用当前系统的保存文件对话框，可以返回被用户选择的路径，具体参数介绍如下。

- parent：用于指定父组件。注意，很多 Qt 组件的构造函数都会有这么一个 parent 参数，并提供一个默认值 0。
- caption：对话框的标题。
- dir：对话框显示时默认打开的目录，“.”代表程序运行目录，“/”代表当前盘符的根目录（Windows 和 Linux 下“/”就是根目录了），也可以是平台相关的，比如“C:\”等。
- filter：对话框的扩展名过滤器；多个文件使用空格分隔。比如，使用“Image Files(.jpg .png)”就让它只能显示扩展名是 .jpg 或者 .png 的文件。如果需要使用多个过滤器，使用“;;”分隔，比如“JPEG Files(.jpg);;PNG Files(.png)”。
- selectedFilter：默认选择的过滤器。
- options：对话框的一些参数设定，比如只显示文件夹等，它的取值是 enum QFileDialog::Option，每个选项可以使用“|”运算组合起来。

其中前两个参数是必需的，其他参数都可以省略。

在 Qt 中，I/O 操作通过统一的接口简化了文件与外部设备的操作方式，Qt 中文件被当作一种特殊的外部设备，文件操作与外部设备操作相同。